U0194924

河南大学地学博士文库编委会

名誉主任:孙九林(院士)　许靖华(院士)　王家耀(院士)

主　　任:秦耀辰(教授)

副 主 任:秦明周(教授)　朱连奇(教授)

编委成员:王发曾(教授)　李小建(教授)　苗长虹(教授)

　　　　　　秦明周(教授)　朱连奇(教授)　马建华(教授)

　　　　　　丁圣彦(教授)　孔云峰(教授)　秦　奋(教授)

　　　　　　乔家君(教授)　傅声雷(教授)　冯兆东(教授)

　　　　　　翟秋敏(教授)　刘玉振(教授)　徐晓霞(教授)

面向 WEB 可视化的矢量数据流式渐进传输

苗　茹　著

河南大学出版社
HENAN UNIVERSITY PRESS
·郑州·

图书在版编目(CIP)数据

面向 WEB 可视化的矢量数据流式渐进传输/苗茹著. 一郑州:河南大学出版社,2018.7
ISBN 978-7-5649-3431-6

Ⅰ.①面… Ⅱ.①苗… Ⅲ.①计算机网络－可视化软件－程序设计 Ⅳ.①TP393.09

中国版本图书馆 CIP 数据核字(2018)第 171550 号

责任编辑　董庆超
责任校对　薛建立
封面设计　马　龙

出　　版　河南大学出版社
　　　　　　地址:郑州市郑东新区商务外环中华大厦 2401 号　邮编:450046
　　　　　　电话:0371－86059701(营销部)　　　网址:www. hupress. com
排　　版　郑州市今日文教印制有限公司
印　　刷　开封智圣印务有限公司
版　　次　2018 年 11 月第 1 版　　　　印　次　2018 年 11 月第 1 次印刷
开　　本　787mm×1092mm　1/16　　　印　张　11.25
字　　数　180 千字　　　　　　　　　　定　价　28.10 元

(本书如有印装质量问题,请与河南大学出版社营销部联系调换)

序

　　地理学是河南大学开办最早的学科之一。20世纪初，我国高等地学教育创建伊始，杰出的地质地貌学家、中国科学院院士冯景兰教授在中州大学开拓了自然地理研究的新方向。1953年，全国院系调整，河南大学地理系被国家高教部确定为中南地区重点建设的两个地理系科之一。当时的湖南大学、武昌中华大学、新乡师范学院、郑州大学等高校的地理专业人才合并到本系，使河南大学地理系成为实力强大的院系之一。1978年后，地理系逐步建起了现代地理学的本科生、硕士研究生人才培养体系以及相邻配套学科专业。1998年地理系更名为环境与规划学院。进入21世纪之后实现跨越式发展，逐步走向学科前列，建成了本、硕、博到博士后完整的人才培养体系。经过几代地理人的奋力拼搏，环境与规划学院在地理学科基础上，逐渐壮大为以地理学为主体，包括环境与生态科学、遥感与测绘科学、区域经济与城市科学等交叉融合的综合研究型学院。

　　面临全球气候变暖、经济全球化的发展机遇与挑战，地处快速发展的中原地区的河南大学地理学人勇敢地走向人地关系研究的主战场，围绕黄河中下游地区、中原经济区、中原城市群、大数据试验区等区域战略需求，开展了一系列基础与应用研究，不仅丰富了新时期中国地理学的理论研究，而且为政府决策咨询提供了智力和技术支撑。同时，注重国际同行交流，与世界一流的美国环境系统研究所（ESRI）、德克萨斯州立大学（UTD）、迈阿密大学（UM）、全球华人地理信息科学协会（CPGIS）等机构开展联合培养、合作交流。以地理学为核心，已经建成了教育部、河南省级重点和国际联合实验室8个，提供了高层级的人才成长平台，培养出了学术基础扎实、视野宽阔、品质优秀的本硕博毕业生，这些毕业生遍及全国各地,乃至美国、澳大利亚等许多国家。地理学在教学科研、学科建设、人才培养、社会服务等方面取得了突出的成绩,得到社会各界的一致赞誉。2006 年 6 月,学院党总支被授予"全国先进基层党组织"荣誉称号。2009 年 4 月,国家副主席习近平在河南省委书记徐光春等的陪同下来学院视察。2017 年在教育部学科评估中心的全国学科评估中,河南大学地理学科并列第 7。地理学优异的成绩获得了社会高度认可,先后被评为国家特色专业、河南省重点学科等。在创建双一流大学学科中,连续获得河南省人民政府"河南省优势特色学科建设经费"的支持,河南大学也入选双一流学科建设高校。

本次出版"河南大学地学博士文库",旨在展示地理学人才培养的成绩,支持地理学特色优势学科建设。希望这套文库的出版能够为我校双一流学科建设作出更大贡献,祝愿我们的地理学未来更辉煌、明天更美好。

编委会

2017 年 11 月 16 日

目　录

摘　要

随着互联网的日益成熟和普及，网络地理信息系统（WebGIS）已经成为地理信息发布、共享和应用的重要平台。WebGIS 以 Web 服务的方式实现服务器与客户端之间的数据交换。常见的 Web 服务主要提供栅格与矢量两种格式的数据传输方式。基于瓦片地图技术的栅格传输模式目前应用广泛，但客户端获取的仅是已经加工好的地图图片，无法对原始数据进行进一步的编辑和分析。提供矢量数据的 Web 服务主要用于数据查询和编辑，仅适用于数据量较小的网络数据交换。当客户端需要处理较大规模的矢量数据时，现有的 WebGIS 技术难以满足这一需求。本书针对 WebGIS 中大规模矢量数据的传输问题，探讨矢量数据组织模式、网络传输机制及相关的技术实现方法。

在网络环境中，为满足大规模矢量数据传输的效率和质量要求，本书采用流式渐进传输的服务方式，分批次向客户端传输所需数据，从而达到矢量数据在线实时应用的目的。本书的研究思路是：① 在分析流式渐进传输机制的基础上，设计适应于 WebGIS 的矢量数据传输服务框架；② 建立矢量要素的重要性评价模型，确定渐进传输的先后顺序；③ 按照流式传输的要求组织数据，保证每个批次的要素作为独立的单元传输并在客户端处理；④ 在传输过程中，通过实时传输协议实现矢量数据的往复传输和质量控制；⑤ 最后建立原型系统，验证流式渐进传输服务的可行性和可用性。

本书主要研究成果如下：

（1）设计了矢量数据流式渐进传输的服务框架，包括服务器端地理空间要素选取和流式组织、网络传输层的流式传输和质量保障、客户端缓存及处理应用等。服务框架涵盖了空间信息量度量模型、矢量数据选取策略、矢量数据编码规范、流媒体传输协议与服务、网络传输质量控制、矢量数据可视化等关键技术。

（2）定义了基于信息熵的空间要素信息量度量模型。针对要素选取问题，引入信息熵对矢量地图中的地物要素信息量进行了综合和定量分析。构建了几何大小因子、空间分布因子、专题属性因子信息量度量模型，作为空间要素重要性判别的依据。基于信息量度量模型设计了点、线、面要素的选取算法。该算法能综合考虑空间对象的几何大小和空间分布对地图信息量的影响，优先选取对地图全貌贡献大的空间要素进行传输，从而保证信息量大的数据先到达客户端。

（3）提出了适用于流式渐进传输的矢量数据存储机制。矢量数据流式传输中，需要按照传输的优先级组织要素，形成流式传输的独立单元结构。本书设计了一种支持信息量选取的分块矢量数据结构，满足每个分块作为独立的单元传输并在客户端处理。该结构遵循 OpenGIS（开放式地理信息系统）标准编码规范，并支持点、线、面等基本几何要素的综合存储。在此基础上，开发了矢量数据文件转换器，将不能适用于流式传输的普通矢量数据文件转换为具有独立分块信息、适应于流式传输的矢量流式文件。

（4）实现了基于实时传输协议的矢量数据流式渐进传输方法。参照流媒体文件“边传边播”的模式，设计了矢量数据包的封包和解包算法。该方法实现了矢量数据的发送和接收，达到了多次往复传输的目标，且能够通过差错控制和纠错恢复等手段保证数据传输质量。

（5）开发了一套矢量数据流式渐进传输的原型系统。该系统包括服务器端矢量数据流式组织、传输层的流式传输服务、客户端矢量数据渐进显示等功能。采用 1∶100 万中国基础地理数据库，从信息量传输率、数据传输量、响应时间以及客户端显示效果等方面进行了测试。结果表明，流式传输矢量要素，当传输的几何对象数量为总数的 10% 左右时，信息量传输率达到了总信息量的 80%。在传输效率上，与 WFS（Web 要素服务）相比，基于流式分块的数据结构能够降低约 50% 的数据传输量，传输时间减少了 40% 以上。在响应时间上，WFS 要求数据传输完毕后一次性显示,而流式传输接收到第一个矢量分组就可以显示,因此在数据量较大的情况下本系统的响应时间在 5 秒之内,而 WFS 响应时间很长甚至失去响应。

本书验证了矢量数据流式渐进传输的可行性:流媒体传输协议能够提高传输效率、保证数据质量;基于选取因子模型的流式数据结构减少了数据传输量,同时保证用户获取充足的信息;流式渐进传输机制能够满足大规模矢量数据网络传输的需求,丰富了空间数据 Web 服务方式,对于相关的 WebGIS 应用开发具有重要意义。

关键词:网络地理信息系统,渐进传输,信息量,空间要素,实时传输协议,可视化

ABSTRACT

With the popularity of the Internet, WebGIS is a general trend to publish, share and apply geographical information. WebGIS realizes the data exchange between the client and the server in the form of Web services. There are two general data formats for data transmission in Web services including raster and vector. The raster map tiles convert the spatial data to the image format and display in the browser directly. But the map images accessed by the client have already been processed and cannot be edited and analyzed as original data. Vector data provided by Web services is mainly used for data query and editing and suitable for data exchange with small amount of data in Internet. When the client needs to deal with large-volume vector data, it is difficult to meet this demand for existing WebGIS. This book aims to solve the problems of large-volume vector data transmission in WebGIS, focusing on improving vector data organization mode and using streaming progressive transmission mechanism.

Streaming progressive transmission transmits the outline information of the data firstly, and then increases the details step by step to achieve the demand of data. In this way to shorten the response time and improve the system performance. The research is conducted in the following steps. First, by analyzing the basic requirements of the vector data streaming transmission, we design a service framework. The second step is to determine the sequence of progressive transmission according to the importance of vector elements. The third step is to organize the vector data structures that ensure each batch of elements can be transmitted and processed as an independent unit on the client. The fourth step is to transmit different batches of data to the client by using Real-time Transport Protocol. Finally, build a prototype system to verify the feasibility and availability of this research.

The main research results of this book are as follows:

(1) The general service framework is designed in object oriented streaming progressive transmission. There are three key aspects for this framework, which are selection strategy for spatial features on the server, data organization and mechanism suitable for progressive transmission in the network layer, and cache and reconstruction of vector data on the client. It covers the key technologies of spatial feature measurement model for map information, vector data selection strategy, vector data coding standards, streaming media transport protocol and service, network transmission quality control and vector data visualization.

(2) The measurement models for quantity of information of spatial elements are defined based on information entropy. We analyzed the measure methods of geographic information based on information entropy, and built the measurement models of element geometric factor, spatial distribution factor and thematic attribute factor. These factors are the basis of space elements selection strategy and display order. At the same time, we realized the gradual selection algorithm for point, polyline and polygon elements. These algorithms are composite effects of geometry factor and spatial distribution factor. The spatial features with more contribution to the map can be selected firstly to ensure the data with large information arrives at the client firstly.

(3) The vector data storage mechanism is designed for streaming progressive transmission. We designed a vector data structure which is independent block storage. This independent block structure means that a streaming block unit can display independently, not depending on other

transport unit. This structure can support the data structure of point, polyline, polygon and other basic geometric elements and abide by the OpenGIS standard encoding specification. On this basis, a vector data file converter is developed to convert an ordinary vector file to a streaming vector data file with independent block structure. This structure is the key for realizing streaming transmission of vector data in the Internet.

（4）The streaming progressive transmission method is based on real-time transport protocol and real-time transport control protocol. Referencing to the multimedia model, we design the packing and unpacking algorithms for vector data. These algorithms realize the process of sending and receiving vector data, achieving the target of several reciprocating transmission. Then by the key technology of error control and error recovery, it guarantes the quality of data transmission.

（5） We develop a prototype system of streaming progressive transmission for vector data visualization. The system includes vector data streaming organization on the server, streaming service on the network layer, and progressive display of vector data on the client. We test this system from the amount of data transmission, information transmission rate, response time and the display effect on the client by using 1:100 million Chinese basic geographic databases. The results show that when the vector elements is selected in accordance to the selection models, the amount of information transfer rate reaches to 80% of the total amount basically. However the number of transmitted geometric objects is only 10% of the total. Transfer time of streaming model is reduced to more than 40% compared to Web Feature Service. And the response time of this system is within 5 seconds. The WFS is easier to lose response in the case of large amount of data.

The results of the experimental data demonstrate the technical feasibility and usability of this research. It illustrates the advantage of using the streaming progressive transmission method for vector data visualization in the Web. This paper enriches the technical system of the WebGIS for large-volume vector data and has great significance to develop the application potential of WebGIS.

KEYWORDS: WebGIS, progressive transmission, quantity of information, spatial element, real-time transport protocol, visualization

1 绪 论

网络地理信息系统（WebGIS）是 Web 技术和 GIS 共同发展的结果，是获取、传输、发布、共享和应用地理信息的重要方式。WebGIS 的出现将 GIS 应用从专有部门向广大社会公众推进，改变了 GIS 的应用范围和服务模式。近年来，随着信息技术和空间观测技术的飞速发展，空间数据规模急剧增长，GIS 的各种 Web 应用中还存在一些现实问题亟待解决。

1.1 研究背景

互联网（Internet）是计算机技术和通信技术紧密结合的产物。自 20 世纪 90 年代中期以来，万维网（Web）正逐步成为一个全球性的信息传播和沟通渠道，并从单一的数据传输发展为综合数据、语音、图形图像和实时多媒体信息的传输平台。WebGIS 是 Web 技术和 GIS 共同发展的结果，是以互联网作为平台的客户—服务器模式下的 GIS 服务模型（张犁等，1998）。它将 GIS 从专业应用推向了大众化服务，同时为地理信息共享提供了方便而有效的途径。

WebGIS 以 Web 服务的方式实现服务器与客户端之间的数据交换，常见的 Web 服务主要提供栅格与矢量两种格式的数据传输方式。栅格数据在存储模式上与计算机图像格式有较强的一致性，而且关于图像的压缩和处理技术也较为成熟，因此栅格数据的 Web 端的应用相对于矢量数据要容易、简单一些。基于瓦片地图技术的栅格传输模式目前应用广泛，其原理就是通过将空间数据进行栅格化分块处理，在服务器端事先生成不同比例尺下的瓦片地图库，然后根据用户请求的地图范围，将相应的图片传输到客户端显示（马伯宁等，2012）。由于传输的是分块之后的图片,传输的数据量较小,在客户端进行拼接也容易实现,因此这种方法能够实现空间数据的快速传输和客户端的显示。但是,由于客户端获取的仅是已经加工好的地图图片,无法对原始数据进行进一步的编辑和分析,并且瓦片地图交互性不强,面对复杂的空间地理信息分析时更显得力不从心,因此瓦片地图只是 WebGIS 从 Web 服务模式延续到客户端方式的过渡方式,目前的地图服务模式已经逐步朝着矢量化的方向发展。

矢量数据在网络中的传输效率,以及在 Web 客户端实时显示和处理的复杂性,一直是矢量数据 Web 应用中研究的关键问题。提供矢量数据的 Web 服务主要用于数据查询和编辑,仅适用于数据量较小的网络数据交换。由于矢量数据类型较多、存储组织方式复杂,目前 WebGIS 中针对大规模矢量数据的传输并没有很好的解决方案,这制约了矢量数据在 Web 客户端实际应用的潜力。尽管网络带宽经过多年的发展已经得到了很大的提升,但是在面对大规模矢量数据或者在无线终端设备应用时,依然会导致传输时间过长、响应不够及时、矢量数据在线渲染过程推迟等现实问题。并且,在遇到大规模矢量数据时,因为几何对象过多,同时显示势必会造成几何图形堆积覆盖,不仅可视效果极差,而且用户终端也无法及时处理。因此,针对 WebGIS 中大规模矢量数据传输问题,采用渐进传输(progressive transmission)的策略,通过分层次、分批次的数据传输方式逐步向客户端传输所需数据,进而改善系统的运行效率。

渐进传输是一种自适应的传输,可以根据客户端的比例尺或分辨率决定传输的数据量。一旦传输的数据已经满足需求时,就可以停止传输,避免网络资源的占用和消耗。多年来,矢量数据的渐进传输研究层出不穷,研究的焦点普遍集中在矢量数据中几何对象的化简与多尺度组织环节。但是,矢量数据的网络在线应用往往需要低延迟的数据响应,按照系统响应的"2−5−8 原则"(即系统在 2 秒内响应为极快,5−8 秒则速度较慢,超过 8 秒后为失去响应),用户可接受的响应极限是 8 秒。因此,按当前速度较快的 10Mbps 网络带宽条件,如果要系统在 8 秒内响应,理论上数据的单次传输量不应超过 10MB(10Mbps/8bits * 8seconds)。虽然几何化简后的低分辨率数据在数据量上有一定程度的减少,但也不一定能减少到满足实时响应的程度。这就需要在地物要素的层次,选取对地图整体特征和结构贡献大的要素先传输和显示,以此达到进一步降低数据传输量的目的。因此,依据地物对象重要性的差别,研究地物要素的选取方法就显得尤为重要。

在传输机制上,矢量数据的流式渐进传输应该是一种类似于流媒体"边传输,边显示"的方式。客户端不必等到整个矢量数据下载完毕后再显示,而是将缓存区已经收到的矢量数据先进行显示,同时数据的剩余部分仍持续不断地从服务器端传送到客户端。而已有的研究具体到网络传输层面还缺乏针对性的讨论和实现,这也是矢量数据渐进传输在实际应用中遇到的瓶颈。事实上,在 Internet 的协议栈中已经存在支持流媒体(视频、音频等)数据实时通信而设计实时传输协议(RTP/RTCP)。RTP/RTCP 协议的实时性相对于 HTTP 协议(超文本传输协议)的延迟性和单次无状态的连接,更适合于网络渐进传输。虽然 RTP/RTCP 所针对的对象是多媒体流,但是完全可以考虑将其移植到矢量数据的网络渐进传输环节,将流媒体编码的 RTP 载荷格式改变为矢量数据的 RTP 载荷格式,实现矢量数据的流式渐进传输过程。

本书针对 WebGIS 中大规模矢量数据的传输问题,探讨矢量数据组织模式、网络传输机制及相关的技术实现方法。本研究将开阔矢量数据渐进传输研究的思路,使其不仅不再限于理论方法层面的讨论,而且对推进 WebGIS 的实际应用具有重要意义。

1.2　研究内容

本研究以矢量数据的流式渐进传输为目标,重点在矢量数据地物要素的渐进选取、基于实时传输协议的流式渐进传输机制,以及客户端的缓存和显示等环节开展研究工作,丰富了 Web 环境下地理信息服务的理论方法和内涵。

在网络环境下,矢量数据满足"边传输,边处理"的流式渐进传输涉及服务器端、客户端和网络传输层三个环节(如图 1-1 所示)。

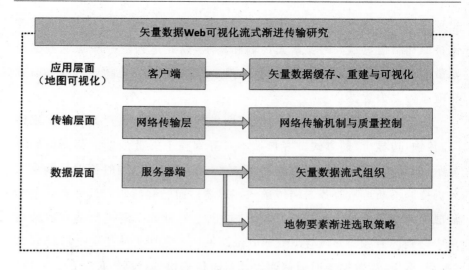

图 1-1　面向 Web 可视化的矢量数据流式渐进传输研究体系

针对这些环节,本书的研究内容分为以下几个方面:

(1)基于信息熵研究地物要素渐进选取的模型和算法

以矢量地图的应用为目标,从空间对象的几何特征、分布均衡性、全局覆盖性等角度研究地物要素重要性的量化指标,以便选取对地图全貌贡献较大的要素先传输。研究基于信息熵来计算地物要素的几何大小、空间分布、属性特征等因素的信息量,建立面向点、线、面三类要素的地物重要性综合度量模型。信息量度量结果即为地物要素重要性系数,是渐进选取的依据。

(2)面向流式渐进传输的矢量数据组织结构

按照矢量要素的重要程度进行数据组织,确定渐进传输的先后顺序。设计可独立分块传输的矢量数据基本单元结构,保证每个批次的要素能够作为独立的单元传输并在客户端处理。重点研究基于 OpenGIS 简单要素规范的几何要素编码以及流媒体文件格式,并设计适合流式渐进传输的矢量数据载荷结构和存储模型。

(3)基于实时传输协议(RTP/RTCP)的矢量数据网络传输机制和质量控制

引入应用于流媒体的实时传输协议(RTP/RTCP),研究针对 RTP/RTCP 协议特点的矢量数据网络传输机制。设计矢量数据流式渐进传输的 RTP 载荷格式和 RTP 组包算法,包括 RTP 载荷的大小、传输矢量数据的编码方式、数据传输时间戳和数据重建算法等。同时,研究矢量数据流式渐进传输的质量控制方法,主要包括传输速率控制和差错控制(丢包、重传)等。

(4)满足矢量数据"边传输,边显示"的高效 Web 可视化技术和方法

通过对比分析不同的 Web 客户端矢量图形的渲染技术,选用轻量、高效、稳定的 Web 端矢量渲染技术和方法,并重点研究矢量数据流式传输接收端的缓存和重组方法,以及数据累积式的矢量数据绘制技术,实现 Web 端实时显示的应用目标。

(5)矢量数据流式渐进传输原型系统的实现和验证

集成上述研究内容,开展网络环境下的地图渐进可视应用实践,设计、构建一套矢量数据流式渐进传输的可视化原型系统。结合点、线、面等要素实验数据对研究中提出的算法、模型、机制等进行实验和验证。记录渐进传输过程中各批次传输的要素个数、数据量、时间延迟(响应时间)、空间对象信息量等实验数据并将其作为结果,分析并论证本研究的可操作性、可实现性和应用前景。

1.3 研究目的和意义

矢量数据 Web 在线可视化的应用中,由于大数据量和有限的网络带宽之间的矛盾,导致客户端响应不够及时、用户体验差、难以实际应用等现实问题。针对这些实际问题,通过分析和研究,提出了一套面向 Web 可视化的矢量数据流式渐进传输机制,并设计了相应的改进方案、框架体系和模型算法。通过开发一套矢量数据流式渐进传输的原型系统进行验证和对比分析,从而改善矢量地图 Web 可视化的用户体验,为矢量地图研究领域提供新的思路和方法。

本研究的科学意义和现实意义主要体现在:

(1)将流式渐进传输模式的思想引入到矢量数据可视化的应用,扩展了传统的基于瓦片地图服务模式的可视化方法。建立一整套矢量数据

流式传输及可视化的框架体系,这对丰富地理信息系统的技术方法、促进地理信息科学理论的应用具有科学意义。

（2）将信息科学中的信息熵理论应用到地物要素重要程度的量化指标中,为支持要素选取提供了依据。通过构建地物要素的信息量度量模型,促进了空间认知理论与信息量化理论的结合,对推进矢量数据渐进传输的研究具有理论意义。

（3）将流媒体中的实时传输协议应用到 WebGIS 中,为实现矢量数据的流式传输而设计的新的矢量数据流式组织方式,开拓了 WebGIS 的使用潜力,对增强 Web 地图的实际应用具有现实意义。

1.4　研究方案

1.4.1　研究思路

本研究面向矢量地图网络传输和浏览器可视化的需求,以实现矢量数据的流式渐进传输为目标开展研究工作,技术路线如图 1-2 所示,主要包括以下几个研究步骤:

（1）基于信息熵研究面向地图渐进可视的地物要素选取算法

主要借助于信息熵理论,构建地物要素的重要性选取指标,分别从地物要素的几何大小、空间分布、专题属性三个因子的角度研究地物要素的选取算法。其中,"几何大小"因子揭示出面积越大或长度越长,对地图构图影响越大,则越有机会优先被选取;"空间分布"因子表示要素的空间分布均匀性越好,对地图要素均匀分布的贡献越大;"专题属性"因子则说明属性值的不确定性越大,信息量越大,先被选取的概率就越大。

（2）基于 OpenGIS 的简单要素规范研究支持流式传输的矢量数据存储结构

通过对地物要素存储编码组织的研究,设计面向流式传输的矢量数据存储结构。矢量数据存储编码基于 OpenGIS 的简单要素编码规范进行

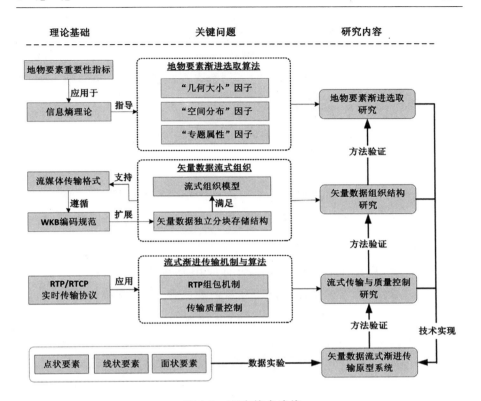

图 1-2　研究技术路线

扩展,使其支持不同几何对象类型的融合存储。按照流式传输的要求组织数据,组织模型考虑可独立分块传输的矢量数据作为基本单元结构,保证每个批次的要素作为独立的单元进行传输并在客户端处理。

(3)基于实时传输协议(RTP/RTCP)研究矢量数据流式渐进传输机制

矢量数据流式渐进传输的流程分为网络层、传输层、流处理层和用户层四个层次。其核心为流处理层,包括数据传输和差错控制两个环节。数据传输环节需要根据 RTP 组包及要素重建的控制信息,说明要素被拆分或组合的情况,便于接收端根据这些信息进行矢量要素的重建。差错控制主要针对 Internet 传输中的丢包现象,由接收端根据检测到的丢包信息向发送端发送重传请求。

(4)构建面向 Web 可视的矢量数据流式传输原型系统

原型系统采用 B/S(浏览器/服务器)架构,由服务器端和客户端组件两部分构成。服务器端矢量数据存储支持遵循 OpenGIS 的简单要素编码

和流式组织,网络传输环节基于开源的流媒体实时传输开发包 JRTPLIB
实现;客户端采用基于 Flex(一种组合软件)技术的 OpenScales(离线地
图)框架实现地图显示。在此基础上,结合点、线、面等要素实验数据对文
中提出的算法、模型、机制等进行验证。

1.4.2 关键问题

(1)确定点、线、面状地物要素的重要性指标和度量模型

点、线、面状地物要素等重要性指标以及度量模型是地物要素选取的
科学依据。当前的要素选取主要针对特定专题要素,采用人为的方法判
断要素的重要性。而支撑地图在线可视应用需要在弱人为判定情景下,
由机器自动度量要素的重要程度。度量模型的科学性、准确性是关键,具
有一定的难度。因此,需要针对点、线、面状地物的特点,从几何形状、空
间分布、专题属性、拓扑关系等多个因素确定地物要素重要性的指标,并
基于这些指标构建科学的量化模型,得出综合后的重要性系数。

(2)设计一种新的矢量数据单元结构,满足流式传输中的分块机制

借鉴流媒体"边传输,边播放"的网络传输模式,考虑可独立分块传输
的矢量数据基本单元结构。由于矢量数据要素的完整性,强制性的裁剪
分割,会存在对一个完整几何要素从内部分块的情况,有可能破坏矢量数
据的拓扑关系。在分块时需要考虑分块单元的独立性,显示的时候不依
赖其他数据。同时,要保证在最大程度上包含较多的信息量,让用户在最
短的时间内获取地图概貌。因此分块的依据和基本单元的设置是关键问
题,需要从矢量数据的完整性、适应网络传输的分块单元结构格式以及信
息量等方面综合考虑。

(3)基于实时传输协议实现矢量数据流式渐进传输

RTP/RTCP 协议主要面向多媒体"流式传输"的需求而产生,需要研
究满足矢量数据编码机制和技术的 RTP 载荷格式和组包算法。将 RTP/
RTCP 协议移植应用到矢量数据流式传输过程后,流媒体与矢量数据在
逻辑结构方面的差异,使得矢量数据的 RTP 载荷格式及组包算法上与流

媒体有一定程度的不同。另外,RTP 协议一般运行在高效但不可靠的 UDP(用户数据报)协议之上,需考虑避免丢包、延迟、传输达到顺序变化等情况下的矢量数据重组机制。

1.5 全书结构

全书共分为 8 章,第 1 章为绪论,第 2 章为文献综述,第 3 章提出了面向 Web 可视的矢量数据流式传输框架并论述其技术体系,第 4 章到第 6 章是具体方法的实现,第 7 章介绍了矢量数据流式传输原型系统,第 8 章为总结与展望。整体结构如图 1-3 所示:

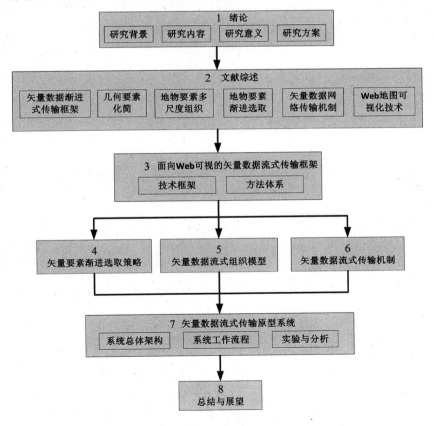

图 1-3 书稿组织结构

第 1 章,绪论。主要论述了研究背景、WebGIS 中矢量数据传输以及可视化所存在的问题,并给出本书的主要研究内容、研究意义以及需要解决的关键问题。

第 2 章,文献综述。从矢量数据的流式传输框架、几何要素化简、地物要素多尺度组织方式、地物要素渐进选取方法、矢量数据网络传输机制以及 Web 地图可视化技术等方面对已有的研究成果进行了总结和分析。

第 3 章,面向 Web 可视的矢量数据流式传输框架。提出了矢量数据流式渐进传输的框架体系,从地物要素渐进选取策略、矢量数据流式组织形式、矢量数据的网络传输方法、客户端的缓存和可视化等方面构建了方法体系。

第 4 章,矢量要素渐进选取策略。基于信息熵提出了地物要素渐进选取模型,并设计了相应的算法,实现点、线、面要素的渐进选取。

第 5 章,矢量数据的流式渐进传输组织模型。基于 OpenGIS 简单要素规范的 WKB 编码以及流媒体文件格式设计了适合流式渐进传输的矢量数据模型,实现了将常用的 ShapeFile(一种矢量数据的文件组成形式,由 ESRZ 公司开发)文件转换为矢量流文件的算法。

第 6 章,矢量数据流式传输机制。基于流媒体中的实时传输协议(RTP/RTCP 协议)的组包格式设计了矢量数据流的载荷格式,实现了矢量数据的流式传输。

第 7 章,面向 Web 可视的矢量数据流式传输原型系统。设计了一个矢量数据流式渐进传输的 Web 可视化原型系统,并基于 Adobe Flex 的 OpenScales 地图框架设计了客户端浏览器对矢量数据渲染的方法,实现了点、线、面要素渐进可视过程。

第 8 章,总结与展望。总结本书的研究工作和创新点,并展望下一步的研究方向。

2　文献综述

空间数据的渐进传输方式,是解决在目前网络环境的限制下,海量空间数据与用户实时体验之间矛盾的有效途径。栅格数据的渐进传输研究相对比较成熟,而且一些算法和产品也已经实用化,但是对于矢量数据的渐进传输研究还较为薄弱,理论和技术还存在问题。本章将从矢量数据传输框架、几何要素化简和多尺度组织、地物要素选取方法、矢量数据网络传输与可视化等方面对已有的研究进行归纳和总结。通过文献分析,指出存在的问题和不足,为建立基于流式渐进传输方法的矢量数据服务体系奠定研究基础。

2.1　矢量数据渐进传输框架研究

矢量数据渐进传输的概念最早由 Bertolotto(1999)和 Egenhofer(2001)提出,指的是将矢量数据进行分层次传输,先将粗略的数据从服务器端传到客户端,然后再传输更多的细节信息(如图 2-1 所示)。

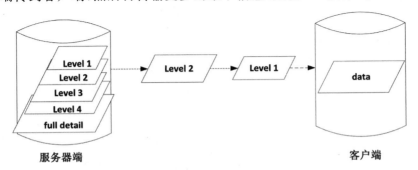

图 2-1　矢量数据渐进传输过程

Bertolotto 和 Egenhofer 建立了一种渐进式传输的形式化模型,该模型定义了一系列的基本算子用于化简地图,包括区域细化、线合并、区域合并、点抽取、线抽取、线收缩、面收缩等,运用综合算子及其组合定义了实现渐进传输的几种操作。通过这些操作可以对地图进行递归化简,建立多分辨率模型(Bertolotto,1998),把所有的矢量数据保存在一个图层中,从而维持要素间的拓扑一致。该方法相当于在地图级别建立离散多尺度模型,但无法支持要素级别的渐进传输,而且这一理论框架缺乏严密的数学理论,采取的制图综合操作比较复杂,因此在实际应用中基本上无法实现。

Buttenfield(2002)指出矢量数据渐进传输应该与制图综合紧密相连,制图综合的算法、数据结构经过改造可以应用于矢量数据的渐进传输,并基于条带树进行线要素的多分辨率存储。该方法首先根据网络环境从服务器传输一个低频(即粗略)数据给客户端,然后在保持要素拓扑结构的前提下,不断地传输高频(即细节)部分,直到整个矢量数据传输完毕或是用户终止请求。但是这种方法只能处理小型数据库中单层的简单矢量曲线,也不能实现 Bertolotto 和 Egenhofer 提出的作为多分辨率对象的标识符。

杨必胜等(2005)提出的渐进式传输方法中包含了曲线和曲面,比传统算法增加了处理曲面数据的功能。其思想为:开始传输时,先把一个粗略的地图矢量数据传输到客户端,当选取的顶点到达客户端后,客户端根据顶点序号进行重建操作,这样客户端数据的分辨率会变得越来越高,从而实现矢量地图数据的渐进式传输。但该算法的主要缺点是时间效率较低,重建操作的效率需要进一步提高。

Han(2003)制定了数据流组织中按照表达粒度对数据分割"打包"的原则,从技术实现角度设计了矢量数据渐进传输的服务器/客户端框架。此外,Cecconi 等(2000)也提出了矢量数据渐进传输的框架,包括渐进传输相关的地图综合算法、客户/服务器模型下的数据传输机制以及客户端矢量数据组合的问题。David 等(2007)融合了在线制图综合技术,提出了面向服务的矢量数据渐进传输框架。Kolesnikov 等(2007)提出的渐进传输方法是:先将简化版本的矢量地图发送到客户端,客户端可以操作粗分辨率数据,然后根据需求再要求高分辨率版本的地图。Corcoran 和 Mooney(2011a、2011b、2011c)提出了矢量数据拓扑一致的选择性渐进传输机制,通过数学分析来解决矢量数据在传输过程中出现的由于化简而产生的地图拓扑不一致的问题,并在客户端通过 HTML5 以及相应的 API 提高矢量数据通信过程中的带宽利用率,从而降低网络延迟时间。

以上学者的研究形成了矢量数据渐进传输的基本框架,主要涉及四个方面:① 服务器端制图综合和矢量数据多尺度组织模型;② 客户/服务器模型下的数据传输机制;③ 客户端的数据解包和组合问题;④ 矢量数据客户端的重建技术。

2.2　矢量数据几何要素化简与多尺度组织研究

虽然矢量数据的渐进传输研究层出不穷,但是研究的焦点普遍集中在矢量数据中几何对象的化简与多尺度组织环节。Buttenfield(2002)指出矢量数据的渐进传输过程与制图综合是紧密相连的,制图综合的目的是为了获得特定分辨率的空间数据,化简过程中使用的数据结构经过改造可以应用于矢量数据的渐进传输组织。由于矢量数据结构复杂,化简能够减少一部分数据量;另外,由于传统的渐进传输研究与制图综合密切相连,"化简"是制图综合中的关键算子,是多尺度表达的前提。矢量数据以要素集合的形式组织,所以化简被分为两个级别:几何级的化简主要是针对曲线和多边形边界的化简;要素级的化简则是要素之间的制图综合过程(温永宁等,2011)。

2.2.1　矢量数据几何化简研究

矢量数据的化简主要针对几何要素形状边界的化简,并且以曲线的化简为核心。因为多边形的化简问题可以通过一定的处理,归为曲线化简的特殊形式(杨建宇等,2005)。已有的曲线化简算法研究较多,包括点删除算法、基于小波分析的算法、重采样算法、曲线层次结构法、网格化法等。

　　以 Douglas-Peucker(D-P)算法为代表的点删除算法是曲线化简的经典算法，主要通过递归地删除距离曲线两个端点连线最近的点实现曲线化简（Douglas et al,1973）。类似地，Visvalingam-Whyat(V-M)算法对基于相邻的三个点构成三角形进行判断，面积最小的三角形中的中间点被删除，化简过程迭代到曲线中只剩下两个点为止（Visvalingam et al,2003）。大量曲线化简算法（Wang et al,1998；Yang B S,2005；Yang B S,2007）是通过对 V-M 算法的改进而实现的，称为 Bend Simplification。以 D-P 算法为代表的点删除法算法复杂度高，时间复杂度为 $O(n\log n)$（其中 n 为矢量坐标点的个数），即时间效率一般。并且 D-P 算法本身没有考虑曲线间的拓扑关系，化简结果可能导致结果错误，因此有不少基于 D-P 算法的改进算法主要着眼于考虑保证拓扑关系正确的化简。但因为要通过穷举和深度搜索的方法找到导致拓扑关系错误的公共边，更加大了算法的时间复杂度，使得算法的运行效率降低。Yang J 等人（2007）提出了一个基于改进的 D-P 算法和二进制行归纳（BLG）树的方法来化简矢量数据，并且能够保持空间数据的拓扑关系。但是该算法只能化简线性矢量数据，对点数据和面数据不能适用。

　　基于小波分析的算法是近几年来利用信号处理技术的曲线化简算法（Wang,2003；Saux,2003；吴凡,2004；朱长清等,2004；王玉海等,2007），一般有二进制、多进制、B 样条小波等算法。Chen 等（2001）分析了快速小波变换的时间复杂度为 $O(n)$，在时间效率上优于 D-P 算法。但是该算法实现比较复杂，在利用二进制及 B 样条小波进行多级变换压缩矢量数据时会产生误差积累，导致曲线变形甚至错误；用多进制小波变换对矢量数据进行压缩不存在误差的积累，但变换后的数据中的地形线会破坏，需先提取原始数据的地形线。王玉海等（2009）提出了基于小波变换的矢量数据渐进式传输方法，根据人们认识事物从总体到局部的原则，采用小波变换对原始数据进行分层、分块处理，从而得到多尺度的空间矢量数据，然后按顺序进行分块传输显示。Li 等（2011）提出了一个新的压缩方法，通过将多尺度数据的浮点坐标转换为整数坐标，然后将转换后的坐标进行小波变换，最后将高频数据进行 Huffman 编码，从而得到较高的压缩率。Li-Openshaw 算法是一种基于客观综合自然规律的自适应线状要素综合算法（Li et al,1994）。朱鲲鹏等（2008）对 Li-Openshaw 算法进行了改进，能够更好地保持曲线的整体形状，并且避免了原算法化简过程中产生的曲线相交（接）的问题。由于曲线的弯曲特征在表达线状地物地理特征上具有重要意义，对弯曲特征的识别、结构描述及操作分析成为目前线要素制图综合的研究热点。

　　另外一种矢量数据化简策略，是把构建曲线的层次结构作为化简的依据（Guo et al,2002）。Poorten 等（1999）通过三角形之间的联通关系，维护曲线之间的拓扑一致性。艾廷华等（2001）提出了曲线层次结构方法，基于约束 Delaunay 三角网模型提出一种方法用来描述曲线弯曲特征在深度上的层次结构。杜维等（2004）提出了一种基于组合优化策略的多边形化简算法，通过将入围的弯曲首尾相连，对多边形进行化简。此外，Yang 和 Purves 等（2004）为了提取层次数，根据模型的粗矢量数据集，提出了一组规则来控制拓扑的有效性，从而在客户端通过"粗"版的矢量数据恢复算法重建"细"矢量数据。

　　网格化法是通过将地图上的坐标表示成一系列的网格单元，利用网格单元控制要素的结构来实现化简。Dutton（1999）提出了层次坐标系统的概念，同时基于地球表面的结构采用四元三角网（QTM）加以描述。Wang 等（2002、2003）提出了一个适应性网格模型，通过顶点合并，将多边形进行聚合或者转换成线状要素，并基于此建立了线和多边形的综合算法（Doihara et al,2002）。

　　Zhang 等（2011）提出利用帧缓冲区和泰森多边形法来化简矢量地图，通过消除泰森多边形的自重叠区域来保持化简过程中的拓扑一致性关系。

　　几种典型的化简算法如表 2-1 所示：

表 2-1　几何要素典型化简算法

算法名称	具体内容	典型代表
基于点删除的算法	递归地删除和曲线两个端点连线距离最近的点	Douglas et al,1973；Visvalingam et al,2003
基于小波分析的算法	利用信号处理技术来化简曲线,一般有二进制、多进制、B 样条小波等	Saux,2003；吴凡,2004；朱长清等,2004；王玉海等,2007
重采样法	原有曲线上滑动对曲线进行重采样得到化简的结果	Li et al,1994；朱鲲鹏等,2008
曲线层次结构法	构建曲线的层次结构	王桥等,1996；艾廷华等,2001
网格化法	利用网格单元作为控制结构实现要素的化简	Dutton,1999；Wang et al,2002、2003；Doihara et al,2002
泰森多边形法	利用帧缓冲区和泰森多边形法来化简	Zhang et al,2011

目前几何对象化简方法的研究已经很多,研究成果也已相对较为成熟。然而,对于结构复杂的矢量数据来说,单纯的化简并不能很好地解决传输过程中矢量数据渐进可视的问题。而且化简算法相对比较复杂,预处理阶段会增加服务器端的计算压力,不利于数据的动态更新。因此,本书对化简部分不做过多的研究,将主要围绕研究较为薄弱的渐进可视目标所依赖的要素选取策略进行深入的讨论。

2.2.2　矢量数据的多尺度组织研究

"尺度"是一个比较大的概念,在地理科学中,可以用来表示地理范围的大小、详细程度、分辨率的高低等(李霖等,2005)。对于栅格数据和矢量数据,目前常用的多尺度表达方式分别有栅格金字塔和矢量数据的索引结构。"地物要素尺度"主要指空间数据尤其是矢量数据表示的详细程度,即较低的空间分辨率可以表示粗略的地图;而较高的空间分辨率则对应地图上的细节部分,是精细化的表示。地理信息的多尺度可以概括为概念多尺度、量纲多尺度、内容多尺度等(李军等,2000)。

矢量数据的渐进传输需要考虑其空间对象的综合、多尺度分层表达等方面的问题(杨素悦,2009)。矢量数据化简过程中,也涉及多尺度组织问题,通过建立多尺度空间索引来实现矢量数据的多尺度组织方式。空间索引方法是在不改变现有空间数据模型的基础上,利用制图综合的相关理论和方法,对空间数据建立多尺度索引信息,通过检索不同层次的结构实现空间数据的多尺度复现。空间数据建立多尺度组织包括空间要素内和空间要素间两个层次的多尺度组织(程昌秀等,2009;温永宁等,2011)。空间要素内的多尺度组织主要侧重于多尺度曲线存储模型的研究,主要与点删除的算法、条带树、BLG 树(Binary Line Generalization Tree)、多尺度线性树等多尺度的数据结构紧密相连。其思想是基于 D-P 算法产生多个不同尺度的矢量模型,通过记录低精度曲线到高精度曲线的增量来表示多尺度数据。而空间要素间的多尺度组织更侧重于通过多尺度矢量数据索引来表达,其中有代表性的包括反应树和 GAP 树(Generalized Area Partitioning tree)(Van,1995、2005;Haunert,2009)。

(1)基于化简的要素内多尺度组织研究

STRIP 树也称条带树,是一种二叉树(Ballard,1981)结构,它通过记录低精度曲线到高精度曲线的增量来表示多分辨率数据,可存储任意的曲线结构。多尺度线性树借鉴了 STRIP 树的思想(Jones et al,1987),但它是多路树而非树结构,其中每个层次对应一个最大条带宽度。

BLG 树(Van,1990)也是基于二叉树结构,通过把 D-P 算法执行的中间过程按尺度特征记录下来,从而建立细节累加模型。艾波等(2010)提出了一个无几何数据冗余的河网渐进式传输多尺度数据结构,通过结合目标层次的河流选取和几何细节层次上的曲线化简,同时基于 BLG 树和河流目标的线性组织建立河网多尺度数据结构,实现渐进式传输。

多叉树常应用于多边形的多尺度组织(毋河海,2004),将按 D-P 算法抽取得到的不同层次细节存储在多叉树索引矩阵中,从而实现数据的层次细节存储。任应超等(2008)提出了一种基于多叉树的用于矢量数据渐进传输的多分辨率曲线模型。该结构使用 V-M 算法生成多分辨率曲线模型,通过拓扑约束规则保持不同分辨率下曲线的拓扑关系的一致性。同一分辨率下的数据位于同一层次上,简化了各层分辨率数据的管理,提高了系统的首次响应速度。

（2）空间要素间的多尺度组织研究

反应树（Reactive tree）是采用空间数据库进行空间多分辨率对象管理和索引的结构（Van,1991、1992）,通过多路树中的入口对象和子树反映节点的多分辨率特性。反应树可基于高度平衡树（R 树）、K-dimension 树实现。另外,还可以采用四叉树的结构来表示多分辨率数据组织模型（李爱勤等,2001）,这看成反应树的四叉树变形。

GAP 树是用来管理分割平面的多分辨率组织结构（Van,1995）。在 GAP 树中,被综合的多边形区域与节点一一对应,节点下包含重要性低的多边形,从叶子到根的追踪过程反映了多边形的综合过程。多尺度矢量数据索引结构和多尺度曲线存储模型各具优势,近年来已经出现了联合使用上述多尺度索引与多尺度存储结构的混合技术方案,如将 Reactive tree/GAP tree 合二为一,得到一种扩展的 GAP-trees 多尺度索引结构,用于表达空间要素的变化过程（程昌秀等,2009）。

SDMR 树是基于 R 树的一种变形（邓红艳等,2009）,其基本思想是：① 借鉴 R 树中引入对象实体重要度因子的思想,在 R 树中引入分辨率维,同时利用树的深度变化来反映空间数据多尺度表达中的分辨率变化；② 允许对象实体在较高的树层次上出现；③ 在树的生成和操作算法中,考虑空间对象的关系,使得树的分支结果与实际地理特征相符合,以便于采用综合算法。

王慧青等（2010）在研究矢量数据多尺度表示与 R 树空间索引的基础上,设计并实现了改进的多尺度 R * 树空间索引算法。该算法实现了 GIS "尺度维"和"空间维"的联合检索,加快了匹配查询速度,同时支持跨尺度变化中逐步精细化的数据叠加的流媒体式传输。王刚（2011）分析了矢量数据渐进式传输的数据组织,提出了基于文件存储的线性四叉树构建方法；同时采用以空间换时间的思想,提出了基于层次增量分块矢量模型的服务器端矢量数据组织模型。

（3）基于 LOD 技术的多尺度组织研究

LOD(Levels of Detail)技术是近年来计算机图形学中的热门技术，在复杂三维场景的快速绘制、飞行模拟器、三维动画、交互式可视化和虚拟现实等领域得到广泛应用（张锦明等，2009）。LOD 技术的思想就是将地理目标进行层次化描述，建立金字塔式的目标表达模式。胡绍永（2004）基于 LOD 技术设计了空间数据多尺度表达的方法和实现机制，在网络环境中对一个地理目标给出在多个比例尺状态下的表达形式，并建立同一目标不同尺度下的对应关系，这样就可以避免网络数据盲目传输的弊端。Ramos 等（2009）通过使用基于矢量地图的 LOD 策略，如多边形线简化、空间数据结构以及一个定制的内存管理算法，实现矢量数据在客户/服务器之间的传输。郎兵等（2010）提出一种网络地形流式渐进传输与实时绘制方法。该方法通过提出适用于地形几何特征的整数提升小波变换来构造多分辨率地形四叉树模型，并将地形压缩为渐进比特流，用基于视点无关的 LOD 误差控制实现渐进渲染，从而实现网络大规模三维地形的实时漫游。

几何要素多尺度组织方法如表 2-2 所示：

表 2-2　几何要素多尺度组织方法

算法名称	具体内容	典型代表
反应树	一种多路树，其入口可分为对象和子树两种，可基于 R 树、球树、KD 树实现	Van,1991、1992；李爱勤,2001
GAP 树	一个节点对应一个被综合的多边形区域，节点下还可以包含不重要的低级多边形，追踪叶子到根的过程反映了多边形综合的过程	Van,1995；程昌秀等,2009
STRIP 树	通过记录低精度曲线到高精度曲线的增量来表示多分辨率数据，可存储任意的曲线结构	Ballard,1981；Jones et al,1987
BLG 树	基于二叉树结构，其主要思想在于将 D-P 算法执行的中间过程按尺度特征进行记录，建立细节累加模型	Van,1990；艾波等,2010

续表

多叉树	将按 D-P 算法抽取的不同层次细节的节点存储在多叉树结构索引矩阵中,在矩阵同一行中描述的具有等值偏移量的节点属于同一等级,从而实现数据的层次细节存储	毋河海,2004;任应超等,2008;邓红艳等,2009
LOD 技术	对地理目标进行层次化描述,建立金字塔式的目标表达模式	胡绍永,2004;Ramos,2009

　　以上矢量数据的几种多尺度模型虽然各具优势,但是都存在冗余存储和与主流 GIS 兼容性的问题。总的来说,这些多尺度模型尚存在一些不足:① 基于化简的多尺度组织模型的前提是先对几何要素进行化简,同样受到化简效率的制约,不利于数据的动态更新。② 基于树结构的多尺度组织模型往往需要使用指针来维护层次关系,带来了存储的冗余性问题,并且检索效率较低。③ 当前主流 GIS 的存储体系是遵循"开放地理信息协会(OGC)"WKB(Well-Known Binary)编码的关系型空间数据库。现有的矢量数据渐进传输算法较少考虑现代 GIS 体系结构,为了达到渐进传输目的而设计的数据结构与当前主流 GIS 存储体系难以很好地兼容,造成实际应用的困难。因此,矢量数据存储模型需要考虑当前主流 GIS 存储体系的兼容及冗余存储问题,以便于实际的应用。

2.3 　矢量数据地物要素渐进选取方法研究

　　几何要素化简和多尺度组织主要体现的是要素内的制图综合过程,而地物要素选取体现的是要素间的制图综合过程。已有地物要素渐进式选取研究主要体现在多分辨率要素选取和围绕单一地物专题的选取方法上。

　　艾廷华等(2005)提出了基于变化累积模型的矢量数据传输,并设计了一种基于变化累积模型的矢量数据渐进传输组织方案,定义了"加"、

"减"和"替换"三种基本的变化累积操作。对多边形采用层次分解技术，通过把多边形化简成"凸壳和矩形"得到几何对象的层次多分辨率组织。该算法主要适用于离散的多边形对象（如湖泊、房屋等）的渐进传输，然而该方法对一组多边形进行网络渐进传输时难以维持拓扑关系的一致性。另外，艾廷华等人（2005）提出了多级尺度显式存储、初级尺度变化累积、关键尺度函数演变和初级尺度自动综合四种建立多尺度空间数据库的技术策略，并提出了渐进式传输过程中空间数据粒度控制的三个层次划分，即要素级、目标级、几何细节级。在此基础上讨论了空间数据渐进式传输过程的三个阶段，即服务器端的组织、传输过程中的控制和到达客户端后的数据存储（Ai et al，2009a、2009b）。

针对河网专题的矢量数据，找出河网中河流的重要性系数是渐进选取的关键。相关研究（Horton，1945；Richardson，1993；张青年，2006）通过 Horton 码、河流长度、河流层次等指标来评价河流的重要性。也有学者（艾廷华等，2007、2009b）认为河流分支的汇水区域是河流级别、长度、河流间距多个因素的综合集成，以汇水区面积作为河流选取的重要性指标比其他单纯指标要好。艾波等（2010）基于 Delaunay 三角网建立了各级河流分支汇水区域的层次化剖分模型，计算河流的汇水面积，以此为重要性指标建立了河流目标的线性组织。杨军等（2012、2013）提出了一种基于河网目标层和河流几何细节层的双层次多尺度表达模型，在河流目标层上将河流按综合指数大小进行重要性排序，并在河流几何细节层上利用改进的 V-W 算法对河流曲线进行化简，从而提高河网矢量数据的可视化效果与传输效率。

刘鹏程等（2012）提出一种用于网络环境下的等高线渐进式传输模型。此模型将等高线描述成基于连续函数的傅里叶级数形式，通过建立不同等高线的傅里叶展开项数与比例尺的匹配方法，在网络中先传输低频分量再传输高频分量。在客户端先构建低频参量，然后依次到达的高频参量不断完善等高线形状细节，从而降低数据传输量，并且能够实现连续尺度的地图要素的渐进式传输与表达。但等高线是对地貌起伏状况的连续描述，其多尺度表达是否与傅里叶级数形状重构的结果相符还需要进一步讨论。

何宗宜等(1998)将信息熵引入制图学中,提出信息熵可用于地图分级设计、制图综合评价、地图变化信息量度量。在面向街道的渐进式选取中,田晶和艾廷华(2010)提出了街道渐进式选取的信息论模型,并定义了街道网几何信息与拓扑信息的度量方法,实现对街道地图的自动综合。该信息论模型的基础即是信息熵。信息熵是从信息的不确定性角度来度量信息量的多少,即不确定性越大,信息熵越高。陈杰等(2010)后来从评价制图质量的角度建立了地图信息量的度量模型。

地物要素的渐进式选取研究多集中于单一地物类型的选取上,主要通过人为方法对地物要素进行分类、分级,从而确定选取指标,并没有充分利用信息熵概念建立自动选取的策略。信息论中信息熵的引入对研究地物要素的渐进式选取具有启示作用,可以基于信息熵构建面向地图可视的地物要素选取模型,从而定量地分析不同地物在可视化应用中的重要程度。并且,基于信息熵的要素选取策略可以分别从几何大小、空间分布、属性特征等角度综合考虑地图要素的重要程度,使地物要素的渐进选取不拘泥于某一种或几种地物专题。信息熵理论为地物要素渐进式选取提供了依据和基础,为实现矢量数据的渐进可视传输奠定了基础。

2.4 矢量数据网络传输方式研究

矢量数据渐进传输中的几何化简问题,其本质是通过有损压缩算法得到小于原数据量的近似矢量数据;多尺度问题是面向不同尺度压缩后的数据多尺度组织模型;要素选取是体现渐进传输策略的数据分块组织方法,这些研究都是在数据层面考虑渐进传输问题。实际上,面向网络地图的在线可视化应用中,网络层的传输环节也非常重要。包括 OGC 在内的多个组织和学者对矢量数据的网络传输机制进行了理论、技术上的研究和应用。

(1) OGC 空间信息 Web 服务研究

开放地理信息系统协会(OGC)是 GIS 领域科学研究和 GIS 产业知名

的国际组织,致力于地理空间数据与地理处理标准的开发。OGC 在面向互联网地理信息服务的应用中,提出了一系列基于空间数据互操作的 Web 服务实现规范,包括 Web 地图服务(Web Map Service,WMS)、Web 要素服务(Web Feature Service,WFS)、Web 覆盖服务(Web Coverage Service,WCS)和 Web 处理服务(Web Processing Service,WPS)(OGC02,2002)。

WMS 可以根据用户的请求返回相应的地图(包括 PNG、GIF、JPEG 等栅格格式或 SVG 等矢量格式)(李爱霞等,2005)。WMS 包含了三个操作:GetCapabities 返回服务级元数据,GetMap 返回一个地图影像,GetFeatureInfo(可选)返回显示在地图上的某些特殊要素的信息。

WFS 返回的是要素级的 GML 编码,并提供对要素的插入、修改、删除、查询和发现等服务。一个 WFS 请求由一个对查询的描述或数据转换操作组成,并用 HTTP 协议提交到 WFS 服务器,服务器读取并执行这个请求后返回符合的要素描述(Vretanos,2002)。WFS 定义了五种操作:GetCapabilites 同 WMS 一样返回服务级元数据;DescribeFeatureType 返回一个用 XML(Extensible Markup Language,可扩展标记语言)描述的服务性能文档;GetFeature 提供获取要素实例服务,并根据查询返回一个符合 GML(Geography Markup Language,地理标记语言)描述的要素文档;Transaction 提供事务请求服务;LockFeature 处理上锁的请求。

WCS 面向空间影像数据,它将包含地理位置值的地理空间数据作为"覆盖(Coverage)"在 Internet 上相互交换(Evans,2002)。WCS 主要对应 WMS 的栅格数据的功能。网络覆盖服务由三种操作组成:GetCapabilities 用来返回一个 XML 文档,从中获取覆盖数据集;GetCoverage 在 GetCapabilities 之后执行,返回覆盖数据集;DescribeCoverageType 是一个可选操作。WCS 根据 HTTP 客户端要求发送包括影像、多光谱影像和其他科学影像的数据。

WPS 是 OGC 为空间信息处理元数据标准而制定的规范,它定义了一个标准规范接口用来促进空间信息处理的发布、发现和接口的绑定。WPS 主要用来解决空间信息的互操作问题(孙雨等,2009)。WPS 定义了三个操作：GetCapabilities 用来返回服务级元数据文档；DescribeProcess 提供每个处理服务的名称和通用描述，同时也支持服务器/客户端的交流；Execute 是执行 WPS 的一个具体的处理过程，返回处理结果，并允许接收用户的参数。

OGC 提出的地理信息网络服务标准，即 WFS、WMS、WCS 和 WPS 都是基于 HTTP 协议。而基于 HTTP 协议的传输过程是一种单向、无状态的单次请求响应过程，难以直接适应渐进传输往复多次传输的需求。这些 Web 地理信息服务都是在服务器端封装好的，对于用户而言仅仅是向服务注册中心发出请求并获得应答响应而已，并没有服务质量的保证。而且 OGC 的 WFS 响应是 GML 文本，相对于二进制数据，数据量增加很多，特别是大规模矢量数据的传输，效率会更低。

（2）矢量数据流式传输研究

在提高矢量数据传输的效率研究上，以艾廷华和艾波（2005a、2005b、2009a）为代表的学者主张在网络渐进传输环节采用流媒体传输方式，利用空间数据多尺度表达，实现从粗糙到精细的渐进式传输与可视化。其优点体现在：① 借鉴流媒体"边下载，边显示"的模式，能够大大缩短用户的等待时间；② 在传输过程中可以和用户进行交互；③ 尊重了由粗到细的空间信息认知规律，起到了信息导航的作用。但其主要工作在于研究初级尺度变化积累模型的数据组织上，未在流媒体核心技术——实时传输协议层面和流式往复传输机制上展开讨论，而这恰巧是流式渐进传输的关键环节。

王晓霞（2006）和施松新（2009）等人利用几何压缩和流式传输技术，提出了一种在网络环境下对大规模三维地形数据的远程可视化解决方案，在多分辨率压缩的基础上设计了地形模型渐进流式传输机制。该方法主要研究的是地形数据，包括高程数据和纹理数据，侧重于卫星影像的渐进式传输。

对于矢量数据流式传输的研究相应较少，已有的文献主要集中在矢量数据的多尺度组织和多分辨率压缩上，对传输环节的研究尚显薄弱。在面向网络地图在线可视化的应用中，为了提高系统响应速度，需要加强对网络层传输环节的研究,其中采用什么样的传输机制和算法是网络环境下矢量数据渐进传输亟待解决的问题。

2.5 Web 地图可视化方法研究

可视化(Visualization)在成为信息技术专业术语之前,仅是形象化的一般性解释,在科技界并未引起过多的注意。在数字化逐渐成为人类生存的重要基础的新形势下,可视化技术被赋予新的含义,并成为信息技术与各学科相结合的前沿性专题(高俊,2000)。近年来,随着 WebGIS 的快速发展,空间数据的可视化成为 GIS 领域最常见的技术,如何在浏览器端更好地展示空间数据也成为可视化研究领域的新热点。

2.5.1 基于瓦片地图的可视化方法研究

瓦片地图技术出现之前,传统的 WebGIS 主要倾向于将栅格图片传输到客户端从而提供地理信息。由于地图服务器需要先根据客户端传送过来的参数,将用户需要区域的矢量、栅格地图转换为图片后再传给客户端进行显示,因而转换过程耗费时间较长,降低了用户的体验感。自从 Google(谷歌)提出 Map Tile(瓦片地图)概念以来,瓦片地图技术使网络环境下地图浏览速度得到了很大的提升。由于瓦片地图事先在服务器端生成,服务器只需将用户请求范围内的图片发送到客户端,从而加快了系统的响应速度(Miller,2006)。随后,谷歌提供了一个多层次的开放调用和扩展接口,为开发人员提供了一个方便的应用程序接入方式(Crampton,2009;游兰等,2010)。在此基础上,国内的一些专业地图搜索公司也相继推出了基于瓦片地图搜索模式的位置服务。

谷歌地图提供了一个缩放级别为 0 到 17 的共 18 个缩放级别的地图瓦片,无论是地图还是卫星图像数据均采用了图像切片技术,将全局数据的各个缩放等级分割为 256×256 个像素大小的 PNG 图片(Google Maps,2005)。为了提高传统 WebGIS 服务器的响应速度和地图切片的访问效率,已有学者在提高瓦片地图加载速度、实现瓦片地图缓存的实时动态更新,以及瓦片地图的存储效率等方面进行了研究(黄祥志等,2011;许虎等,2010;郭明武等 2012)。

基于瓦片金字塔模型的地图显示方法在一定程度上达到了空间数据快速传输和显示的目的。但是由于所传输的是普通的图片格式,并不是真正的空间数据,在实际应用中存在无法编辑与修改、难以实现空间分析功能等问题,不能适应空间数据在线处理和应用的需求。因此,有学者(李鲁群等,2002;Antoniou et al,2009)针对矢量数据的可视化方法提出了一种矢量数据分块的数据结构模型,使得矢量数据能够像栅格数据一样构建金字塔模型,以便减少用户的等待时间。

由于矢量数据要素具有完整性,如果采取类似栅格数据一样的瓦片结构对矢量数据进行强制性的裁剪分块,会存在对一个完整几何要素从内部分块的情况,有可能破坏矢量数据的拓扑关系。因此,这种方式会影响到矢量数据的完整性,在重建的时候会造成数据失真。

2.5.2　矢量数据 Web 可视化方法研究

由于目前通用 Web 标准的限制,浏览器难以直接显示矢量图形(HTML5 目前已经支持矢量的显示,但是 HTML5 的标准尚未完全制定,浏览器的支持方面也有一些问题),因此矢量数据在 Web 端的可视化需要借助其他技术来实现。而且矢量数据具有多语义性、多时空性、多源性、多尺度和获取手段的复杂性等特点(潘媛媛,2006),这就决定了矢量数据可视化实现方式的复杂性。

(1)矢量数据的重构与符号化研究

矢量数据可视化是一个比较复杂的过程,包括矢量数据的结构组织、缓存方式、重构方法、渲染和符号化过程。

矢量数据的结构组织主要用于显示时能够快速检索到要绘制的几何信息,如多层网格索引(黄雁等,2012)、瓦片金字塔模型和四叉树索引(戴晨光,2008)等。矢量数据缓存主要用于显示时加快绘制速度,如双缓存显示机制。其中主要缓存用于数据的显示、次要缓存用于下一个数据显示的准备，从而可提高显示效率。对地图信息符号化其实就是将几何要素的实际坐标转换为平面坐标，然后按给定的顺序绘制。目前主流的绘制方法主要为间接信息法（汪荣峰等，2008），通过调用符号库中的几何参数，由绘图程序将其他的数据按相应的算法计算并绘制出来。地图图形的符号设计的一般方法主要有文本编辑法、编程法、图形编辑法和符号设计法（程朋根，2000）。符号化的过程需要先建立符号库（徐庆荣，1993），然后结合点、线、面的绘制算法绘制数据并使用相应的符号进行渲染。显然，对符号库的访问速度直接影响到地图显示的速度。通过对符号库中的符号建立索引机制，以及建立符号描述信息的缓存机制，可以加快对符号的访问速度（熊伟等，2006）。目前很多 WebGIS 的符号化绘制过程主要基于各个公司开发的 GDI（Graphics Device Interface，图形设备接口）绘制引擎，通过搜索在符号库中已经定义的地图符号进行引用，然后渲染出地图嵌入到 HTML 页面中。如 MapServer 的在线动态地图发布引擎（MapServer Team，2011）、微软 GDI＋绘制引擎、DirectX 以及微软新一代的图形系统 WPF（Windows Presentation Foundation）等。

（2）WebGIS 可视化技术研究

为了适应 Web 中矢量数据的应用和发展，万维网协会（W3C）制定了扩展标记语言（XML）来表达互联网上日益丰富的数据内容。SVG（Scalable Vector Graphics，可伸缩矢量图形）是专门针对网络的一种矢量图形标准，基于 XML 来描述矢量图形对象（SVG1.0，2000）。目前国际上对 SVG 的研究主要集中在空间数据共享与互操作、移动 SVG 技术、虚拟现实技术三方面（Ying et al，2004；Fujino et al，2007）。

随着 Web2.0 理念的提出与相关技术的不断成熟，诞生了 ActiveX 插件、SilverLight、Flash/Flex、HTML5 等富客户端（RIA）技术，出现了多种矢量数据在浏览器端的可视化方式。WebGIS 中矢量数据的可视化实现方式主要有以下几种：

① 基于 Java Applet 的 WebGIS 可视化

用 Java Applet 实现 WebGIS 的优势在于 Java 语言的强大功能以及跨

平台的特性，在运行时可以与服务器进行交互。韩振镖（2007）等人基于 Java Applet 技术研究了 WebGIS 客户端设计，实现了 Web 端矢量地图的显示。但是由于现在各种浏览器对 Java Applet 的支持有限，如果用 Java Applet 开发 WebGIS，需要在客户端下载安装 JRE（Java 运行环境），增加了使用的复杂性，因此在实际使用中越来越少。

② 基于 ActiveX 的 WebGIS 可视化

和 Java Applet 相类似的，基于 ActiveX 构建的 WebGIS 应用可以嵌入到 HTML 页面中，在网络上运行（余志文等，2003；Rui et al，2005；Li et al，2011）。由于 ActiveX 控件支持多种实现语言，使得原有 GIS 软件的源代码可以被复用，提高了开发效率。缺点是 ActiveX 控件只能运行于 Windows 平台上，并且由于可以进行磁盘操作，其安全性较差，经常成为病毒传播的途径，因此通常被浏览器屏蔽。

③ 基于 Adobe Flash/Flex 的 WebGIS 可视化

Flex 平台最初就是在 Web 上为显示矢量图形而设计的，利用 Flex 创建的应用程序一般运行在具有 Adobe Flash Player 插件的浏览器上。一般而言，超过 98％ 的计算机都装有 Flash Player 插件，因此，用户使用时几乎不需要额外下载插件。雅虎推出的由 Flex 开发的 Map 系统，集成地图浏览、搜索等基础功能。ESRI 公司提供了 ArcGIS API for Flex，ArcGIS Serveserver 也提供了多种服务来支持 Flex 的开发。国内开发 WebGIS 应用 Flex 技术的也越来越多（黄娟，2010；张驰等，2012；张澄铖等，2012），如北京超图开发的 SuperMap iServer6.0 支持 Flex 的 RIA 技术的开发。

④ 基于 Microsoft Silverlight 的 WebGIS 可视化

Microsoft Silverlight 是美国微软公司开发的跨浏览器、跨平台的富客户端网络解决方案。用户只需要安装 Silverlight 的浏览器增强模块，就可以在多种浏览器中运行 Silverlight 应用程序。

⑤ 基于 HTML5 的 WebGIS 可视化

HTML5 的出现给矢量地图发布带来了新的机遇。HTML5 提供的 API（应用程序接口）能够实现本地数据存储技术、实时二维绘图技术的应用。还可以根据用户不同的请求，为用户提供一种服务器端和客户端胖瘦平衡、可伸缩的矢量地图发布体系结构（Boulos et al,2010；王晓，2011；梁春雨等,2012；徐卓揆,2012）。Canvas 是 HTML5 中的新的元素,用于在 Web 页面上绘制各种矢量图形。HTML5 的矢量绘图主要针对矢量动画、游戏开发等网络多媒体应用,对矢量地图的绘制和分析功能支撑还不够完善。

通过对 Web 端矢量数据的可视化方法的分析和介绍,表 2-3 从安全性、浏览器兼容性、绘制效率以及使用条件等方面对这几种技术进行一个总结与比较。

表 2-3 矢量数据 Web 可视化技术比较

可视化技术	安全性	浏览器兼容性	绘制效率	使用条件
SVG	高	弱	低	老版本 IE 浏览器须安装插件
Java Applet	低	强	中	需要安装 JRE
ActiveX	低	弱	中	需要下载安装
Flex(Flash)	高	较强	高	需要安装插件*
Silverlight	高	弱	高	需要安装插件
HTML5	高	较强	中	少量老版本浏览器无法使用

注:实际上大多数用户默认已经安装了 Flash 插件

2.6 本章小结

本章分析总结了矢量数据渐进传输的相关研究进展,可以看出,目前矢量数据渐进传输的研究普遍集中在几何对象化简与多尺度组织上。几何对象化简方法较为成熟,但是单纯的化简也不能很好地解决大规模矢量数据实时响应的问题。矢量数据多尺度组织的方式多采用树状结构,不仅存在冗余信息,而且结构维护困难,也不利于数据的动态更新。对于地物要素的渐进选取则存在度量方法单一、人为确定选取依据的问题。而在网络传输环节,现有的矢量数据服务大多基于 OGC 的 WFS 方式,是一种无状态的、单向传输模式,并且传输的数据缺乏重要性信息的依据,难以适应大规模矢量数据的传输应用。因此，本书将从地物要素选取策略、矢量数据组织结构以及网络传输机制等环节入手，解决矢量数据渐进传输中存在的主要问题，达到空间数据在线实时处理的目的。

3 面向 Web 可视的矢量数据流式渐进传输框架体系

矢量数据流式传输为解决网络环境下因大数据量和有限的网络传输速度矛盾所致的传输瓶颈问题提供了有效的方法。针对 WebGIS 中大规模矢量数据的传输问题,流式渐进传输的方法发挥着核心作用。本章设计了一个面向 Web 可视的矢量数据流式渐进传输框架体系,并将从服务器端矢量要素组织、传输环节中的流媒体技术和协议、客户端矢量数据可视化技术三个方面全面阐述框架的内容和相关技术方法。通过对流式渐进传输框架中每个关键环节的详细分析,为矢量数据流式传输的实现提供理论和技术的指导。

3.1 传统矢量地理信息网络传输模式

矢量数据的流式渐进传输机制与传统的矢量网络地理信息系统不同。传统矢量数据的网络传输方法主要可归纳为两大类型:一类是基于 HTTP 协议的矢量文件下载传输模式,另一类是基于网络地图服务规范的矢量信息传输模式。

（1）基于 HTTP 协议的矢量文件下载传输模式

该模式主要采用 C/S(客户端/服务器端)结构,通过客户端的下载模块将矢量文件从服务器端一次性下载到客户端后再进一步使用。这种模式需要安装特定的客户端,体现的仍是桌面 GIS 软件的工作方式。在进行空间数据处理时,需要将矢量数据按照一定的数据结构一次性读入到内存,然后再进行各种空间运算、分析、显示,其结构如图 3-1 所示,整个流程比较简单。

图 3-1 基于 HTTP 协议的矢量文件下载传输模式

该模式传输的信息对象是与桌面 GIS 兼容的矢量文件,这也是该模式的典型特征。因为传输的是 GIS 矢量文件,所以传输前无需在服务器端做过多的矢量信息结构转换工作。在 Web 服务器端只需搭建 HTTP 服务器即可,相对易于实现。对于 Web 客户端,因为接收到的是 GIS 矢量文件,一般我们常用的瘦客户端(即 Web 浏览器)无法直接对 GIS 矢量文件进行处理。需要根据 Web 客户端面向不同的应用(如显示、空间分析等)嵌入对应的 GIS 组件模块才能工作(或者直接安装特定的客户端程序)。这样一方面加大了用户使用的复杂度;另一方面,对于大数据量文件,等待文件传输完毕的时间过长,大大制约了该模式的实际应用。

(2)基于网络地图服务规范的矢量信息传输模式

该模式主要是基于 OGC 定义的一套与网络地图服务有关的规范集,如面向矢量数据的 Web 要素服务(WFS)规范。该模式需要服务器遵循 WFS 规范,通过 Web Service 的方式对客户端的查询请求进行响应。在处理数据查询请求时,根据客户端的请求通过空间数据库引擎对数据库进行查询,并将查询结果按照 OpenGIS 规范中规定的形式返回给用户。如图3-2所示,客户端向服务器端发送一个 WFS 请求,该请求使用 HTTP 协议提交到服务器端。WFS 服务器对请求做出响应,从空间数据库或空间数据文件中读取相应的数据,并按照 GML(Geography Markup Language,地理标记语言)规范格式返回数据给客户端。

除了 WFS 规范,OGC 定义的其他地图服务规范,如 Web 地图服务(Web Map Service,WMS)规范,也是类似的流程。只是 Web 地图服务(WMS)返回的是包括 PNG、GIF、JPEG 等图片格式或者是 SVG 等矢量

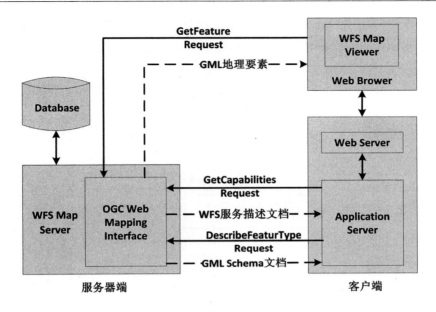

图 3-2 OGC 的 WFS 体系结构

格式。OGC 的网络地图服务依赖的都是以 XML HTTP 协议为基础的 Web 服务技术。而 Web 服务技术突出解决的是异构平台之间的信息交互问题,难以兼顾到传输效率的问题。并且,其请求和响应内容并不是二进制信息而是 XML 文本信息,也就是说网络信息的传输量会比实际更大。另外,由于传输的矢量要素并没有重要性特征的信息,如果使用分批传输的方法,只能按数据库中存储的顺序依次发送,不能保证传输到客户端的是最有用的数据。

3.2 矢量数据流式渐进传输框架设计

传统的矢量网络地理信息系统主要基于 HTTP 协议进行无状态的单次传输。本书所提出的矢量数据的流式渐进传输框架通过分层次、分批次的流式传输方式,逐步传输满足需求的数据,以此达到减小冗余数据传输的目的。

本书所提出的矢量数据流式渐进传输思想是:分层分块递增传输空间矢量数据。首先传输部分区域的数据到客户端,并进行显示。然后像流媒体传输那样连续不断地传输并显示后续更细节的矢量数据,直到当前的详细程度和区域范围满足客户端用户的要求为止。整个流式传输框架如图 3-3 所示,总体分为服务器端矢量数据组织环节、网络传输层的流式传输环节、客户端缓存及处理应用环节。

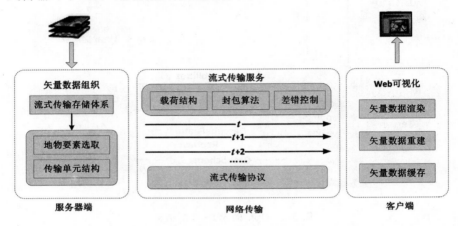

图 3-3　矢量数据流式渐进传输 Web 可视化技术框架

(1)服务器端矢量数据组织环节

这一环节主要包括地物要素的选取和流式传输存储两个关键问题。地物要素的选取问题重点应面向不同的应用目标,确定选取策略和具体的选取模型,并且该选取模型最好是可量化的。如针对矢量数据可视化应用目标,体现矢量地图整体范围和分布特点的要素对用户视觉的整体感受有决定作用,所以这就是地物要素选取策略的目标需求,而选取算法应当服务于选取策略的要求。

流式传输存储主要应确立分批次、分区域传输的信息单元,涉及对整个矢量数据的单元划分原则、基本传输单元模型的设计等。比如,要满足"边传输,边显示"的目标应用,就应当保证每个传输单元结构的独立性。先到达客户端的信息单元可以直接渲染显示,而无须等到其他后续的信息单元到达并经过综合处理后才能显示。

另外,可以看出本书所提的框架并没有将空间几何对象的化简问题纳入其中。虽然几何特征级的化简研究也是渐进传输的组成部分,但是几何对象的化简运算本身会增加传输前的时间消耗,也增加了系统实现的复杂度,而且化简后的几何对象在 Web 客户端进行增量渲染的处理和实现上也更加复杂,这无疑会降低流式传输后矢量数据的渲染效率。

（2）网络传输层的流式传输环节

网络传输层主要与网络传输协议有关,而不同的网络传输协议决定了不同的组包方式。支持流式传输模式的协议也不仅仅限于一种,重点应针对不同的应用目标确定采用什么样的网络传输协议,进而确定数据包的载荷单元结构和封包算法。不同的网络传输协议往往还有不同的传输参数配置,需要考虑设计什么样的参数组合来达到信息的最优传输。

此外,网络传输过程中不可避免地需要考虑不同网络服务质量（QoS）下的传输策略问题,不同的应用目标对网络服务质量的要求是不同的。矢量数据的可视化应用需要低延迟的传输策略,而具有一定的容错性。同时,面向不同的应用目标,可以选择可靠的连接（TCP）和非可靠的连接（UDP）两类控制协议。TCP 可以保证传输信息一定被接收到,而 UDP 的传输效率远高于 TCP,但不保证信息传输的可靠性。因此基于 UDP 的传输过程,还需要设计信息达到确认及未到重传的机制和方法。

（3）客户端缓存及处理应用环节

封装了矢量数据信息的数据包,不断按流式渐进传输过程到达 Web 客户端后,面临的是数据包的解包、信息重构和缓存问题。数据包的解包算法和具体的传输协议有关;信息重构则主要涉及数据在发送前有分块操作;缓存主要涉及采用什么样的结构问题,当然可以简单地采用和发送端一致的存储结构。事实上,缓存结构与应用目标有很大关系。比如,对于矢量数据可视化应用目标,则应考虑 Web 客户端对矢量空间要素渲染的对象结构,直接建立更有利于 Web 客户端渲染的缓存结构会大大提高实时渲染的速度。但是,不同的矢量渲染方法和组件所要求的数据结构是不同的,一般需要根据具体的绘制技术进行封装。

3.3　矢量数据流式渐进传输技术方法

矢量数据流式渐进传输框架中的关键方法和技术体系如图 3-4 所

示，共包括数据资源层、网络层、服务层和应用层四个层面，涉及矢量数据组织模型、矢量信息选取策略、流式传输机制方法以及矢量数据缓存和可视化等技术。其关键技术方法包括矢量数据流式组织、流式传输技术、流媒体传输协议、矢量数据可视化四个主要方面。

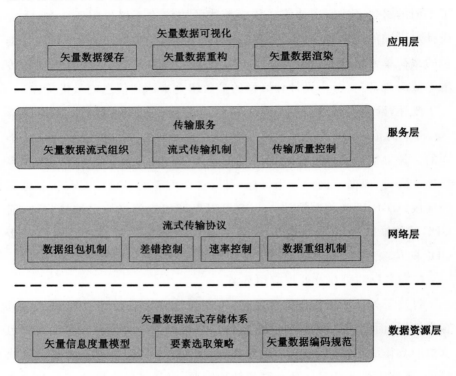

图 3-4　矢量数据流式渐进传输方法体系

3.3.1　服务器端矢量要素信息的度量与选取

（1）地物要素信息的度量方法

如何计算地图的空间信息量是实现空间信息有效传输的重要基础，在空间数据渐进传输过程中，对信息传递的定量分析也是指导传输过程控制的重要依据。地图负载的信息量是地图设计与制作过程中的一个重要指标，为了合理地计算地图信息量，需要科学地从地图认知出发，界定地图信息的来源、内容构成以及地图信息量的度量方法。

地图的空间信息量,是评价制图质量、地图综合算法以及实现空间信息有效传输的重要基础。用户总是希望能够先看空间信息含量大的要素,而目前对地图信息的评价几乎都是定性的,因此对地图符号信息量的定量分析也十分重要。

借鉴信息科学中的信息论,可以为地图信息量的度量提供定量计算方法。信息论是在信息可以量度的基础上,用数理统计方法来研究信息的度量、传递和变换规律的科学,是信息科学的主要理论基础之一(傅祖芸,2001)。地理信息的信息量度量模型可以针对不同的应用目标,考虑关键度量因子,并设计有利于体现目标的度量依据,进而应用信息论中的信息熵理论建立信息量的度量模型。

(2)矢量数据渐进选取策略

对矢量数据进行流式传输时,需要寻找一种方法能对矢量数据建立层次结构,最上层的信息是矢量数据的一个概略表示,越向下越更能表示完整的矢量数据。层次划分主要依据矢量地图数据本身的特点。具体来说,矢量地图首先由若干图层组成,而每个图层由若干地物要素组成,每个地物要素又包括空间几何和属性两部分。因此,渐进传输对象的粒度可划分为图层级、地物要素级和几何特征级,分别对应于矢量图层、地物要素和几何坐标对象。

为了在网络环境下实现矢量地图"边传输,边显示"的渐进传输,可以将数据按层次进行划分,相应地可以得到三个等级(如图 3-5 所示)。

① 图层级

图层级的渐进式传输主要涉及传输策略机制,即是图层优先(先传完一个图层的所有尺度的数据,再传下一个图层)还是尺度优先(先传小尺度的全部图层的数据,再传大尺度下的全部图层数据)。

② 地物要素级

该级别的渐进式传输相邻尺度表达间跨度较大,每一步传输显示一个要素层的数据,终端用户通过数据层定制实现要素级的渐进式传输。地物要素级的渐进传输主要涉及地物要素的选取和传输排序上,即先传输关键、重要的地物要素。这里地物的重要性应该面向具体应用,如在地

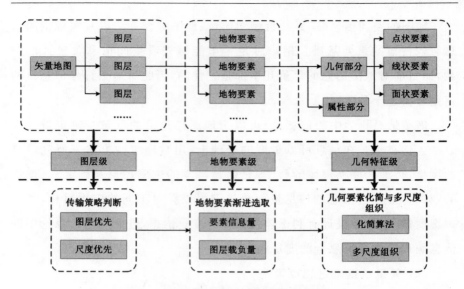

图 3-5　矢量数据渐进传输数据组织层次

图的渐进可视应用上,则可从空间对象的分布均衡性、全局覆盖性等角度研究量化方法,选取对地图全貌贡献大的地物要素先传输,从而保证最先快速看到地图宏观全貌。

③ 几何特征级

这一级别面向地图中的各种几何图形要素,主要涉及对图形的化简/概括以及多尺度的组织。满足在渐进传输中,先输出小尺度的数据,然后渐进传输细节,得到大尺度的数据。该级别的渐进式传输以空间几何对象的坐标点为最小渐变单位,其关键是对空间矢量数据进行多尺度的层次化组织。

"图层级"需要传输一个图层所有尺度的全部数据,传输数据量大,不适合渐进显示。"几何特征级"则涉及图形的化简和多尺度的组织,其复杂性在于矢量数据的及时更新。"地物要素级"是以完整的地理要素对象(包括空间和属性)为单元的操作粒度,渐进传输过程主要体现在按重要性和信息量的传输顺序上,关注的是地理对象的选取顺序,对体现地图可视化应用的传输策略具有重要价值。

3.3.2　流媒体传输协议

流式传输最早是通过网络传送媒体(如视频、音频)的技术总称,指的是通过网络将多媒体信息传送到客户端的过程,用户无须等待全部数据下载到本地就可以开始浏览或播放的流媒体技术(熊永华等,2009)。传统传输方式与流式传输方式如图 3-6 所示。

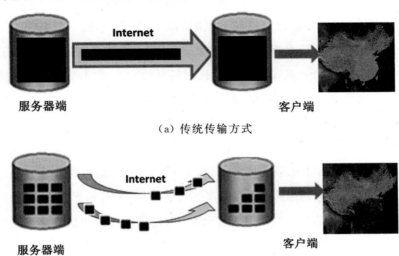

（a）传统传输方式

（b）流式传输方式

图 3-6　传统传输方式与流式传输方式

矢量数据渐进传输的可视化与普通传输方式的最大不同就是分批次、多次往复地传输数据并不断累积显示,这与流媒体的传输机制基本是一致的。因此,可借鉴流媒体传输机制,实现矢量数据的流式渐进传输过程。

（1）流媒体技术

目前常用的流媒体技术包括渐进式下载流媒体、RTMP/RTSP 流媒体和自适应 HTTP 流媒体。

渐进式下载流媒体是目前为止使用最为广泛的流媒体技术,也是最容易实现的技术,只需要把一段视频放在网络服务器并将播放器指向该视频的 URL(统一资源定位符)即可。一旦用户点击播放,播放器立即开始下载文件。经过缓冲,播放器一旦有足够的数据即将开始播放,在播放过程中会继续下载文件,直到收到整个文件。渐进式下载技术是目前较为成熟的流媒体传输方式,并且不管是客户端还是服务器端均支持渐进式流媒体技术。渐进式下载过程中,用户下载的数据会保存在客户端,因此便于回放和检索,再次观看时不需要向服务器发出请求,减轻了服务器端的压力。

RTMP/RTSP(Real Time Messaging Protocol/Real Time Streaming Protocol)流媒体技术主要在专业媒体机构广泛使用,比如 Hulu(http://www.hulu.com/)。该方法使用专业的网络服务器,只提供目前用户正在观看的视频帧。该技术事先不下载数据,并且数据在用户观看后会立刻丢弃。RTMP/RTSP 流媒体技术在长时间播放和直播过程中显示出极大的优势。由于它有特定的服务器和协议要求,和渐进式流媒体技术相比增加了服务器的复杂性和成本。

HTTP Adaptive Streaming(以下简称 HAS)技术结合了传统的流媒体技术和 HTTP 渐进式下载播放的特点,基于 HTTP 协议的方式向用户传送媒体内容,降低了服务器端的技术复杂度。尽管 HAS 具有易于部署、可利用标准的 HTTP 服务器以及 HTTP 缓存等优点,但是最大的问题就是缺乏标准化。表 3-1 总结了在设备和服务器上支持各种流媒体技术的方法。

表 3-1　设备和服务器上支持各种流媒体技术的方法

设备或服务器	渐进式下载流媒体	RTMP/RTSP流媒体	自适应 HTTP流媒体
Adobe Flash Player	MP4,FLV	RTMP	HLS
HTML5(Safari & IE9)	MP4	—	—
HTML5(Firefox & Chrome)	WebM	—	—
iOS(iPad / iPhone)	MP4	—	HLS
Android 系统	MP4,WebM	RTSP	HLS
Web 服务器	MP4,FLV,WebM	—	HLS

（2）流媒体传输协议

流媒体传输协议是在网络上专为传输流媒体而设计的协议。与HTTP 或者 FTP(文件传输协议)协议的无状态接收不同,承载流媒体的协议是有状态的端对端双向协议,利用它能够在一对一(单播)或者一对多(多播)的网络环境中实现流媒体数据的实时传输。在流媒体传输中,常用的协议包括实时传输协议(RTP)、实时传输控制协议(RTCP)、实时流协议(RTSP)、实时消息协议(RTMP)和资源预留协议(RSVP)。

实时传输协议(RTP)是互联网工程任务组(IETF)提出的针对Internet/Intranet 上多媒体数据流的一个传输协议(Schulzrinne et al,1996a)。RTP/RTCP 协议由实时传输协议(RTP)和实时传输控制协议(RTCP)两部分组成。RTP 负责实时性数据的传输,它工作于 UDP 和 IP的顶层,用于处理 IP 网上的视频和音频流(Schulzrinne et al,1996b)。RTCP 负责监测数据传输并管理控制信息,它主要用来监视网络延时和带宽,并通知发送端(Schulzrinne et al,2003)。

实时流协议(RTSP)是一个多媒体播放控制协议,建立并控制一个或几个时间同步的连续流媒体。图 3-7 为 RTSP 和 RTP/RTCP 之间的关系。RTSP 本身通常并不发送连续媒体流,主要以客户服务器方式工作,用来使用户在播放从因特网下载的实时数据时能够进行控制,如暂停/继续、后退、前进等。

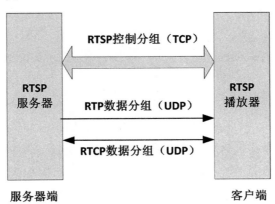

图 3-7   RTSP 与 RTP/RTCP 的关系

实时消息协议(RTMP)是 Adobe 公司开发的专用协议,是关于 Flash播放器和服务器之间通过因特网传输的音频、视频及其他数据流的协议(RTMP Specification 1.0;Wiki)。

资源预留协议(RSVP)是一种用于互联网上流媒体质量整合服务的

协议。RSVP 允许主机在网络上请求特殊的服务质量，主要用于特殊应用程序数据流的传输。

3.3.3　流式传输服务

应用流媒体协议一般要有专门的流媒体服务器，当流媒体服务器运行时，会等待客户端连接。客户端（支持流媒体协议的播放器）发起请求，然后和流媒体服务器建立连接。此时的请求是通过 HTTP 响应的，建立的是基于 TCP 的可靠连接。接下来，流媒体服务器会在刚建立的连接上等待客户发起会话，如果请求的资源存在，服务器会回应一些音视频的相关描述信息。然后分别建立视频及音频子会话的 RTP 及 RTCP 连接，接着流媒体服务器将这些响应消息返回给客户端。当数据接收完毕后，服务器关闭会话并发送响应报文给客户端，此时一个完整的会话过程结束。流媒体传输过程如图 3-8 所示。

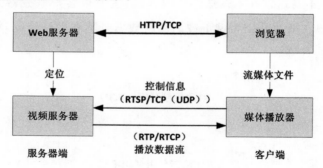

图 3-8　流媒体传输工作流程

（1）基于流式传输的数据组织

在流式传输过程中，流媒体文件通常采用分块组织方式，将音频或视频数据分解为一个个压缩包。传输时，通过读取分包信息，将压缩包缓存到客户端。流式传输中的矢量数据实际上也需要分块机制，这种独立分块结构意味着分块后的每个传输单元可独立显示，不依赖其他传输单元，从而实现矢量数据"边传输，边显示"目的。

RTP 协议主要负责实时性数据的传输，这里的数据可以是流媒体数据，也可以是普通数据，因此可以设计基于 RTP 协议来传输矢量数据。

由于矢量数据和流媒体之间具有一定的差异,将 RTP 协议移植到矢量数据流式传输过程中还需要做进一步的改进。

首先,由于目前的矢量数据格式多基于桌面 GIS 应用,使用的时候需要先把矢量数据一次性加载到应用程序中,然后再进行显示和处理。而流式传输是一种"边传边播"的模式,所传输的流媒体文件本身也是一种独立分块的结构,使得正在播放的单元可以不依赖其他单元,因此需要将矢量数据文件按照流媒体文件的组织形式重新封装,以便满足流式传输协议对传输文件的格式要求。其次,基于 RTP/RTCP 传输协议的流媒体数据与矢量数据的封包形式有所不同。流媒体数据传输的主要为音视频信息,为了保证同步性和时序性,在 RTP 报文中加入了时间信息。而矢量数据本身没有时序性,但是由于在传输过程中需要根据信息量的大小确定传输顺序。因此,需要对 RTP 的报文结构进行调整,将表示音视频数据的时间戳信息转换为矢量数据传输的顺序信息。

按 RTP 协议的组包机制主要从最大有效载荷、要素拆分与要素组合三个角度考虑。RTP 载荷在网络层传输时会被添加 RTP 报头、UDP 报头、IP 报头。最大有效载荷是指"应保证尽量大的 RTP 载荷尺寸",以避免传输的开销用于报头,从而对网络资源造成严重浪费。另外,RTP 载荷也不能无限大,因为过大会超过 IP 协议的最大传输单元(Maximum Transmission Unit,MTU),数据包在 IP 层会被分割成几个小于 MTU 尺寸的包,从而无法检测数据是否丢失(因为 IP 和 UDP 协议都没有提供分组到达的检测)。既然 RTP 载荷有合适的网络传输尺寸,那就意味着:单个大于 RTP 载荷尺寸的要素需要被拆分成若干个 RTP 数据包,而多个远小于 RTP 载荷尺寸的要素需要被组合为一个 RTP 数据包。要素拆分与组合将借助于 RTP 报头的序列号、时间戳、同步源字段定义服务于 RTP 组包及要素重建的控制信息,并在 RTP 载荷开头部分设计"矢量要素头结构信息",说明要素被拆分或组合的情况,便于接收端根据这些信息进行矢量要素的重建。

(2) 流式传输服务质量控制方法

在整个流式传输过程中,服务质量(Quality of Service,QoS)占据着很重要的部分。按照功能的不同，QoS 大体上可以分成两个部分：拥塞控制和错误控制。

当网络中负载过度增加致使网络性能下降时，就会发生网络拥塞。拥塞控制的主要目的是为了降低网络中数据包的丢包率，同时降低网络延时，使数据包顺利到达客户端。拥塞控制的方式可以通过使要发送的流媒体的码率（即每秒传送的字节数）和网络带宽相匹配，从而达到最大限度地减少网络拥塞的目的。由于矢量数据在网络传输过程中，传输的速度是由当前网络环境决定的，因此只要设计大小合适的组包，就能避免拥塞的发生。

错误控制主要解决在丢包或延时的情况下，如何更高质量地控制错误，使数据能够正确到达。错误控制可以在原始信息包里面加入冗余信息，这样一旦发生数据包丢失现象，客户端能够直接对信息重建或是通知服务器端重发。因此，对于矢量数据流式传输过程中可能出现的丢包现象，需要考虑在组包过程中加入纠错信息，从而在丢包或者出错的情况下能够及时对信息进行重传或重建，提高矢量数据的质量。

3.3.4 矢量数据客户端可视化技术

矢量数据可视化过程非常复杂，包含底层的图形数据组织、客户端缓存技术、重构过程以及界面显示和绘制技术。

（1）底层数据组织形式

服务器端可采用空间数据库存储矢量数据，用户通过客户端进行数据的查询、浏览、更新、添加、删除等数据变更操作。构建面向地理信息对象的数据库可以使用一般的关系数据库来存储空间数据，如 SQL Server、MySQL，但是要增加对象的类型字段和几何对象字段来存储矢量图形序列化的二进制数据。也有一些关系型数据库通过空间数据引擎实现空间数据的管理，如 ArcSDE。此外，一些主流的数据库管理系统也增加了空间数据管理功能，便于存储空间数据，如 Oracle 的 spatial 部分、IBM 的 DB2 Spatial Extender 部分。目前也有直接面向空间数据存储的数据库，如 PostGIS 通过在 PostgreSQL 上增加了存储管理空间数据的扩展模块，成为一个真正的大型空间数据库。

（2）客户端缓存技术

缓存技术是提高系统性能的有效手段之一，因此，网络传输速度和矢量数据缓存处理效率是影响地理信息应用服务性能的关键因素。目前，较为常见的 WebGIS 空间数据缓存技术主要应用于服务端。但当缓存的空间数据量较大、发访问的用户较多时，服务器端的负担较重、效率降低，因此提高客户端缓存效率、减轻服务器端缓存压力也是行之有效的手段。

对于矢量数据的流式传输而言，服务器需要将普通的矢量数据文件转换为适合流式传输的矢量流。采用流式传输的方式就必须将传输的一部分矢量数据缓存到客户端，从而进行处理和显示，所以宜采用客户端的缓存模式。另外，服务器端可以通过建立空间数据库，将一部分结构化数据存储在数据库中，这样有利于数据的快速查询、检索。

（3）矢量数据的重构

矢量数据的重构与渲染是实现矢量数据在客户端显示的重要环节，它与矢量数据在客户端的存储形式、几何要素组织方式以及所采用的可视化技术有关。由于 Web 浏览器本身对矢量数据的支持有限，所以为了提高渲染的效率，可以建立与客户端渲染机制相同的矢量对象结构，从而减少格式转换，提高绘制速度。

目前 Web 客户端采用的矢量数据描述方式主要基于 XML 扩展标记语言；另外，轻量级的 JSON（JavaScript Object Notation）数据交换格式也逐步成为传输和重构矢量数据的存储结构。GML、SVG 都是基于 XML 的矢量数据描述语言。由于 XML 采用文本方式描述矢量数据结构，在解析 XML 时，不可避免地存在数据量大、解析困难的缺点。JSON 是基于 JavaScript 的一个子集，采用了完全独立于语言的文本格式。JSON 中的值是用大括号括起来的一对"名称:值"，表示名称具有某个数值。为了适应矢量数据的处理，出现了 GeoJSON 这一新的数据格式，用来对地理要素进行编码（Butler et al,2008）。客户端对 GeoJSON 进行解析的时候，需要按照对象的属性信息获取实际地理要素数据，然后把地理要素中几何对象坐标信息转换为浏览器的屏幕坐标进行显示。虽然相对于 XML，GeoJSON 较为轻巧，但是仍然为文本格式，这不利于重构，尤其是在大规模数据量下，更不利于重构。

因此，矢量数据重构的形式应该结合矢量数据显示技术，针对流式传输中"边传输，边显示"的模式，构建与显示一致的数据结构，从而加快解析速度、提高显示效率。

（4）矢量数据渲染技术

矢量数据的渲染其实就是在客户端的可视化过程，主要包括矢量数据的符号化和绘制过程。GIS 绘制过程中的关键技术包括坐标转换、栅格数据绘制和矢量数据绘制。

坐标转换需要把空间数据的实际坐标，通过坐标变化转换为屏幕坐标，转换过程通过矩阵变化来完成。

绘制矢量数据时，先把空间对象从数据库中检索出来，然后按照数据的存储结构读出点、线、面等要素信息。通过信息的解析，得到 x、y 坐标对，再通过底层绘制函数绘制出相应的几何像元，并使用相应的符号进行渲染。

3.4　本章小结

矢量数据的渐进可视化应用，重点在于研究矢量数据地物要素的渐进选取和基于实时传输协议的流式渐进传输机制。本章针对矢量数据的 Web 可视化场景，提出了一种新的带有状态并可多次往复传输的矢量数据流式传输框架体系。该框架具体包括地物要素的选取策略、矢量数据流式组织形式、流式传输协议以及客户端空间数据的可视化过程等技术方法。在此基础上，分析了矢量数据渐进可视中的要素选取策略通过计算天量要素信息量，在传输过程中对具有重要价值和信息量大的要素优先传输；通过对流媒体协议的分析，阐述了将其移植到矢量数据的网络渐进传输环节的可行性，说明了需要差错控制机制保证矢量数据的传输质量；并进一步建议，当矢量数据传输到客户端后，可建立与客户端渲染结构相同的矢量对象格式作为缓存，从而提高 Web 客户端渲染的速度。通过该框架可进一步明确支撑矢量数据整个流式渐进传输的关键环节和方法体系，这对矢量数据流式传输的实现具有指导意义。

4 矢量数据要素渐进可视选取策略

矢量数据的选取可以在图层级、地物要素级和几何特征级三个层次上进行,其中,"地物要素级"是以完整的地理对象(包括空间信息和属性信息)为单元的操作。矢量数据的渐进可视过程中,需要在地物要素的层次,选择对地图整体特征和结构贡献大的要素先传输和显示,以此达到降低数据传输量、加快客户端响应的目的。本章将引入信息学中信息熵的概念,介绍地物要素的信息量度量的方法。基于信息熵构建地物要素信息量度量模型,作为要素选取的依据,并设计对要素的选取算法。根据信息量模型选取对地图全貌贡献大的要素优先传输,从而保证用户最先最快看到地图宏观全貌。

4.1 地物要素信息量度量方法

本节主要从香农(Claude Elwood Shannon)信息论出发,分析并研究地图(地理)信息量度量的工具,并对已有地物要素的信息量度量方法进行了归纳和总结。

4.1.1 信息熵

现有的地图空间信息量度量方法中,使用最多的度量工具是信息论中的信息熵。Shannon(2001)引入了概率来研究信息量的测度问题,他指出,任何信息都存在冗余,冗余大小与信息中每个符号(数字、字母或单词)出现的概率或者不确定性有关。信息熵是借鉴热力学的概念,是指信息中排除了冗余后的平均信息量,用来表示信息的平均不确定性。信息熵可以采用以下方式进行计算。

假设随机变量 X 有 n 种可能的符号取值，$P(x_i)(i=1,2,\cdots,n)$ 为 X 取第 i 个符号的概率。则 X 的信息熵可以表示为：

$$H_r(X) = H_r(P_1,P_2,\cdots,P_n) = -\sum_{i=1}^{n} P(x_i)\log_r P(x_i) \qquad (4\text{-}1)$$

其中，$\sum\limits_{i=1}^{n} P(x_i) = 1$，并且 $0\log 0 = 0$。

当每个符号的概率取值相等时，即 $P_1 = P_2 = \cdots = P_i = \cdots = P_n = \dfrac{1}{n}$ 时，X 取值的不确定性最大，此时，信息熵取得最大值，表示代表的信息量最大，即：

$$H_r(X) = H_r(P_1,P_2,\cdots,P_n) \leqslant H_r\left(\frac{1}{n},\frac{1}{n},\cdots,\frac{1}{n}\right) = \log_r n \qquad (4\text{-}2)$$

信息熵的单位取决于式 4-1 中对数选取的底的值。如果选取以 r 为底的对数，那么，信息熵为 r 进制单位。一般来说，为了计算机处理方便，选用 2 为底，此时，信息熵写成 $H(X)$ 的形式，单位为 bit（比特）（本文中所有的信息量单位均为 bit）。

相对熵指的是某样本空间实际的信息熵和该样本空间的最大信息熵之比，记为 H_0，即：

$$H_0 = \frac{H}{H_{\max}} \qquad (4\text{-}3)$$

剩余熵又叫冗余度，表示有一部分信息没有参与活动，此时信息熵没有达到最大值。剩余熵记为 R，即：

$$R = 1 - H_0 \qquad (4\text{-}4)$$

利用信息熵的概念可以度量地理信息量。现有的地图信息量度量方法是从地图目标空间分布的角度来度量地图的信息，基本上都是基于信息熵提出的。一般来说，地理要素的基本信息内容主要包括空间分布信息、属性信息和拓扑空间关系信息三个部分（王红，2010）。空间分布信息主要指空间对象的位置、形状及对象间的关系、区域空间结构等，是空间度量的信息；属性信息指的是非空间信息的物理特性，如行政区分级、河流等级等；拓扑空间关系信息描述的是空间对象之间的空间关系，如包含、相交、相离等。

地理信息的信息量度量可以基于上述几个方面进行,各种计算信息量模型的出发点和思路都是从信息论中的信息熵公式出发的。信息熵公式中概率因子的计算应该面向不同的应用目标来确定,从而得到面向不同应用目标的地理信息的信息量。下面将主要介绍地物要素的几何信息量、属性信息量以及拓扑信息量的计算方法。

4.1.2 几何信息量

几何信息量主要考虑地物要素的几何大小和形状,线状要素和面状要素除了要考虑要素的长度、面积等度量信息,有时还需要考虑要素的形状特征。几何信息量还将地图上的符号与符号之间的空间考虑进去,通过计算符号的 Voronoi 图(泰森多边形面积),计算出所有符号占用的空间。然后将 Voronoi 图的面积与地图总面积的比作为该符号的几何大小概率,再按照信息熵公式 4-1 求取地图的总体信息量。

令 n 为一幅地图上所有符号的数目,A_i 是第 i 种符号的 Voronoi 图的面积,则该地图的几何信息量为:

$$P_i = \frac{A_i}{A}, A = A_1 + A_2 + \cdots + A_n \tag{4-5}$$

$$H(VG) = H(P_1, P_2, \cdots, P_n) = -\sum_{i=1}^{n} P_i \log P_i, \sum_{i=1}^{n} P_i = 1 \tag{4-6}$$

如果地图上的符号是均匀分布的,此时地图的几何信息量取得最大值,即:

$$H_{\max}(VG) = H(P_1, P_2, \cdots, P_n) = -\sum_{i=1}^{n} \frac{1}{n} \log \frac{1}{n} = \log n \tag{4-7}$$

4.1.3 属性信息量

属性信息主要指地理信息要素具有的非空间信息,主要包括要素名称、要素特征、要素统计特征等信息。信息论被引入用于计算地图的信息量时,就是用来计算地图符号的统计信息量,也就是说分别计算地图上不同符号出现的概率,通过信息熵公式求得该地图上的符号的统计信息熵。

设地图上有 m 个要素,每个要素都有 k 个属性,要素某个属性项 j 具有 n_j 个取值,a_i 是具有属性项第 i 个值的要素个数,则 $P(a_i)$ 是 a_i 与要素总个数 m 之比,即 $P(a_i) = a_i/m$。

地图中第 j 个属性项的信息熵定义为:

$$H_j(A) = -\sum_{i=1}^{n_j} P(a_i) \log P(a_i) \tag{4-8}$$

当各个属性信息是相互独立的时候,该要素的总体属性信息量为各个属性的信息熵之和,即:

$$H(A) = H_1(A) + H_2(A) + \cdots + H_k(A) \tag{4-9}$$

其中,最大属性信息量为:

$$H_{max}(A) = H_{1max}(A) + H_{2max}(A) + \cdots + H_{kmax}(A) = \sum_{j=1}^{k} \log n_j \tag{4-10}$$

4.1.4　拓扑信息量

空间拓扑关系描述的是基本的空间目标点、线、面之间的邻接、关联和包含关系。Egenhofer(1991)分析了距离关系、顺序关系与拓扑关系的本质,认为拓扑关系是最基本的空间关系,其他关系均可以从拓扑关系中推导出来。

假设地图上有 n 个符号,第 i 个符号有 N_i 个邻近符号,N_0 是地图上所有符号的邻近符号的面积总和,那么,第 i 个符号的邻近符号所占的比率为:

$$P_i = \frac{N_i}{N_0}, N_0 = N_1 + N_2 + \cdots + N_n \tag{4-11}$$

其拓扑信息熵为:

$$H(TP) = H(P_1, P_2, \cdots, P_k) = -\sum_{i=1}^{n} P_i \log P_i, \sum_{i=1}^{n} P_i = 1 \tag{4-12}$$

4.2 地物要素信息量度量模型

基于信息熵的地物要素度量方法提供了计算地图信息量的途径,可以作为地物要素选择的依据。在面向地图渐进可视的选取过程中,可以根据地图要素包含信息量的大小,先选择信息量大的要素进行传输,从而使得用户先接收到最有用的信息。本节从几何大小、空间分布、专题属性三个角度提出地物要素信息量度量模型,为要素的选取算法奠定理论基础。

4.2.1 几何大小因子模型

几何大小因子模型主要考虑要素的几何大小和形状,对于线状要素和面状要素主要考虑要素的长度、面积等几何信息。几何大小因子模型揭示出要素的几何面积、长度对地图信息量的影响。由于点状要素一般没有几何大小信息,故该模型主要用于线状要素和面状要素的选取依据。

令 n 为一幅地图上所有符号的数目,G_i 是第 i 种符号的空间面积或长度,则要素的几何信息量的计算公式为:

$$P_i = \frac{G_i}{G}, G = G_1 + G_2 + \cdots + G_n \tag{4-13}$$

$$H(X) = H(P_1, P_2, \cdots, P_n) = -\sum_{i=1}^{n} P_i \log P_i, \sum_{i=1}^{n} P_i = 1 \tag{4-14}$$

该模型揭示出面积越大或长度越长的要素,则越有机会被先选取,因为面积或长度越大的几何对象对地图构图的影响越大,所代表的几何信息量也就越大。如图 4-1 所示的面状要素示意图,根据式 4-14 可得其总体信息量为:

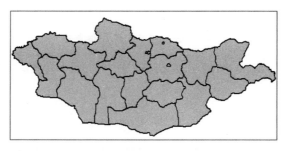

图 4-1 面状要素分布示意图

$$H_{面要素}(X) = H(P_1, P_2, \cdots, P_{20})$$

$$= -\sum_{i=1}^{20} P_i \log P_i = 0.16 + 0.27 + 0.18 + 0.16 + 0.21 +$$

$$0.24 + 0.23 + 0.21 + 0.18 + 0.18 + 0.27 + 0.33 +$$

$$0.2 + 0.29 + 0.26 + 0.04 + 0.26 + 0.25 + 0.32 + 0.01$$

$$= 4.25$$

渐进显示过程中需要将包含信息量较大的要素选取出来,先进行传输,所以需要计算单个要素对总体信息量的贡献,从而挑选出贡献大的要素作为优先传输的对象。根据式 4-14 的计算结果可知,面积越大的多边形的信息熵的值也越大,所含信息量也就越大,对地图信息量的贡献就越多。因此,选取时可按照多边形面积的大小进行选取,把面积大的多边形先选出来。例如,将图 4-1 所示的面状要素按照多边形面积大小进行排序,如果分三次显示该地图,可将多边形分三批选取。为了方便对比,令每次选取的多边形个数基本相同,则每次选取的结果如图 4-2 所示,然后分别计算出每批多边形构成地图的几何大小信息熵。

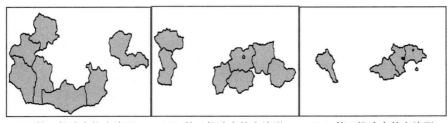

(a) 第一批选中的多边形　　(b) 第二批选中的多边形　　(c) 第三批选中的多边形

图 4-2 多边形几何大小选取过程

分别计算这三幅地图中多边形的几何大小信息量以及对整幅地图总

体信息量的贡献（如表 4-1 所示）。

表 4-1　面要素几何大小信息量

地图	要素个数	单幅地图信息量（bit）	对总体信息的贡献（%）
（a）	7	2.00	47.1
（b）	7	1.52	35.8
（c）	6	0.73	17.1

可以看出地图（a）中多边形的个数虽然只占整个地图要素个数的 35%，但是其信息量接近整个地图信息量的一半，由此可见面积大的要素能包含更多的信息量，在渐进传输的时候应该首先把这部分要素先进行传输。先传输的多边形在客户端先显示，然后继续显示后续接收到的要素信息。由于先传输过来的多边形面积较大，用户可以很快地看到地图的概括信息。而且每次选取的要素几何信息都保持完整，因此，要素之间没有依赖关系，可独立显示和处理。

对于线状要素也可以用相同的方法进行选取。如图 4-3 所示的河流分布，根据式 4-14 可得其总体几何信息量为：

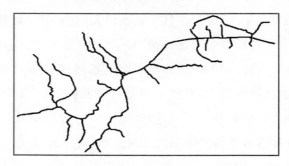

图 4-3　河流分布示意图

$$H_{河流分布}(X) = H(P_1, P_2, \cdots, P_{23})$$

$$= -\sum_{i=1}^{23} P_i \log P_i = 0.51 + 0.24 + 0.19 + 0.25 + 0.17 +$$

$$0.09 + 0.09 + 0.22 + 0.14 + 0.08 + 0.09 + 0.27 + 0.21 +$$

$$0.24 + 0.23 + 0.12 + 0.1 + 0.05 + 0.15 + 0.12 + 0.17 +$$

$$0.08 + 0.1$$

$$= 3.91$$

同样,选取时按照河流长度的大小进行选取。当河流要素分三次显示时,为了方便对比,也令每次选取的曲线个数基本相同。将如图 4-3 所示的线状要素按照长度长短进行排序,则每次选取的结果如图 4-4 所示,然后分别计算出三幅地图的信息熵。

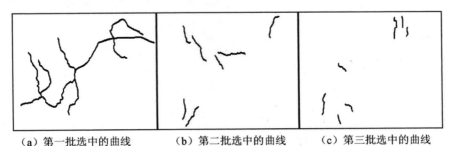

| （a）第一批选中的曲线 | （b）第二批选中的曲线 | （c）第三批选中的曲线 |

图 4-4 线状要素几何大小选取过程

分别计算这三幅地图中线要素的几何大小信息量以及对整幅地图总体信息量的贡献(如表 4-2 所示)。

表 4-2 线要素几何大小信息量

地图	要素个数	单幅地图信息量(bit)	对总体信息的贡献(%)
（a）	7	1.96	50.1
（b）	7	1.15	29.4
（c）	9	0.80	20.5

可以看出地图(a)中曲线的个数虽然只占整个地图要素个数的 30% 左右,但是其信息量占整个地图信息量的一半以上,由此可见长度长的线要素能包含更多的信息量,在渐进传输的时候也应该把这部分要素优先进行传输。

4.2.2 空间分布因子模型

空间分布是影响地图信息量的另外一个重要的指标。由于地图要素的周围都有空间,所以每个要素所影响的周围空间也是需要考虑的因素。空间分布因子模型主要从地物要素在地图中分布的均衡性上表现出对地图信息量的影响。根据信息熵的概念,当要素所占空间面积相等时,地图信息量取得最大值,因此,要素分布得越均匀,信息量就越大。

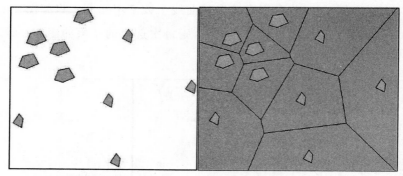

（a）面状要素分布示意图　　　　　（b）面状要素及其Voronoi 图

图 4-5　多边形及其 Voronoi 图

如图 4-5 中的（a）为面状要素分布示意图,（b）为它的 Voronoi 图,根据式 4-14 可以先计算出其几何信息量大小为:

$$H_{面要素}(X) = H(P_1, P_2, \cdots, P_{10}) = 3.14$$

如果按照几何因子模型进行选取,必然会先选取面积大的要素,即图 4-5（a）中矩形部分的要素,因为这部分要素对几何信息量的贡献比较大,必定会优先选择。

然而,从地图的整体组成来看,几何因子忽略了要素的空间分布特征。也就是说,矩形方块之外的多边形面积虽然较小,但是对地图的空间构成具有较为重要的影响。从对地图整体认知的方面来讲,这些要素包含了大量的空间位置信息,因此也必须考虑到它们对整个地图信息量的影响,在选取的时候不能忽视。

由于几何大小因子模型体现的是单个要素对地图总体信息量的影响,而地图的构成是一个整体的可视化结果,因此需要考虑要素和要素之间空间的影响。Voronoi 图是对空间分割的一种表现形式（郭仁忠,2001）。凡落在其 Voronoi 多边形范围内的空间点均距其所划线的区域最近,所以 Voronoi 图能够反映要素及其所在空间的影响范围（Aurenhammer,1991）,如图 4-5（b）所示。在计算要素的空间分布信息时,可以基于 Voronoi 图计算要素空间分布信息量。首先构建所有几何要素的 Voronoi 图,用 Voronoi 图的面积和总面积的比值作为概率。根据信息熵的定义,该要素基于 Voronoi 图的空间分布信息量为:

$$P_i = \frac{S_i}{S}, S = S_1 + S_2 + \cdots + S_n \qquad (4\text{-}15)$$

$$H_S(X) = H(P_1, P_2, \cdots, P_n) = -\sum_{i=1}^{n} P_i \log P_i, \sum_{i=1}^{n} P_i = 1 \qquad (4\text{-}16)$$

其中,S_i 为当前要素 Voronoi 图的面积,S 为 Voronoi 图的总面积。

因为要素的 Voronoi 图代表了要素影响的空间区域,按照信息熵的概念,代表 Voronoi 区域的面积信息熵越大,表示该要素的空间分布均匀性越好,对地图要素均匀分布的贡献越大。在考虑要素空间分布因素时,最直接的方法就是根据要素的 Voronoi 图进行选取。但是 Voronoi 图需要单独生成,不能直接从矢量数据文件中获取,而且对于线状和面状要素其 Voronoi 图的矢量生成过程还处于讨论阶段。因此本文在考虑空间分布对要素的选取影响中,借鉴空间格网化的思想,采用一种基于矢量坐标分布的策略实现空间分布因子的度量,作为要素的渐进选取的依据。

空间格网化是将地图区域按平面坐标或者是地球经纬线进行划分,以网格为单元描述或表达其中的属性分类、统计分级以及变化参数和虚拟现实(陈述彭等,2002)。它采用人为的方式对要素进行空间划分来代替自然或是传统的行政分界的划分(如图 4-6、4-7 所示)。

采用格网化使得数据管理能够结构化,可以简化一些计算过程和费用,更易采用计算机进行处理,提高选取过程的自动化程度。图 4-8 为对点、线、面要素进行格网划分得到的空间分布结果。

需要说明的是,本书中的格网划分指的是将地图按照空间分布划分为不同的区域,是对空间范围的划分,并不是将矢量要素进行分割,要素信息仍然保持完整性。这种划分主要体现的是对空间区域的划分,用来衡量要素在空间上的分布情况。因此当一个几何要素位于多个格网中时,应该将它划分在包含该要素空间最大的格网中,同时保证该要素的完整性。

将地物要素按照格网划分的结果同样也能体现几何要素空间分布均衡性的程度。一般而言,包含要素个数少的格网往往具有更大的信息量,

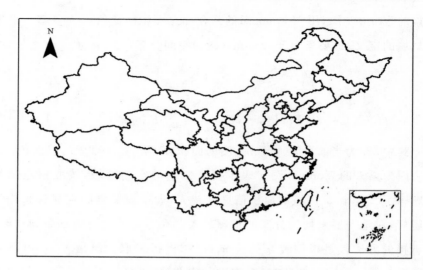

图 4-6　采用传统行政区划的地图

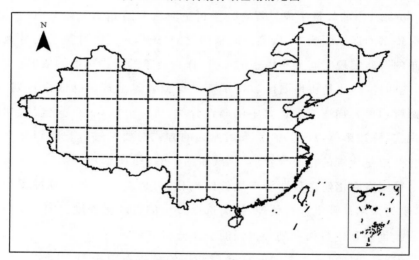

图 4-7　采用经纬线进行划分的格网地图

这与对地图空间分布的贡献是相对应的。也就是说，要素空间分布越均匀，每个格网中包含要素的个数就越相当；此时地图信息熵的值就越大，信息量就越多。因此，在进行选取时，按照格网为单位均匀选取要素，可以达到要素在空间均匀分布的目的。

　　对于点要素而言，由于没有面积或长度信息，在进行选择时，主要考虑在地图中的空间分布情况。如图 4-8(a) 所示的点要素，根据式 4-16 可

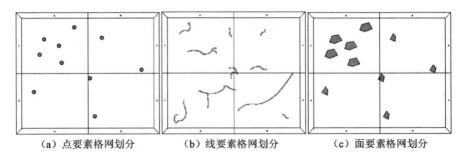

（a）点要素格网划分　　　　（b）线要素格网划分　　　　（c）面要素格网划分

图 4-8　点、线、面要素的格网划分结果

计算其空间分布信息量为：

$$H_{点要素}(X) = H(P_1, P_2, \cdots, P_{10})$$

$$= -\sum_{i=1}^{10} P_i \log P_i = 0.36 + 0.43 + 0.40 + 0.27 + 0.23 +$$

$$0.22 + 0.38 + 0.17 + 0.38 + 0.18$$

$$= 3.02$$

按照格网划分的思想对要素进行选取，需要分别把每个格网包含的要素依次选取出来。即每批从不同的格网单元中选择一个要素，然后重复这个过程，直到全部的要素选取完毕为止。如将图 4-8(a) 中的点要素进行分批选取后，选取结果可以表示为如图 4-9 所示的三幅地图。

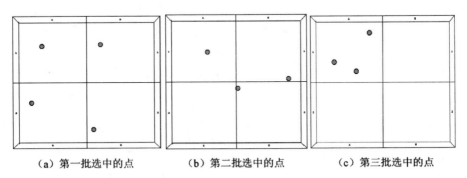

（a）第一批选中的点　　　　（b）第二批选中的点　　　　（c）第三批选中的点

图 4-9　点要素的空间分布选取过程

分别计算这三幅地图选中的要素所对应的空间分布信息量及其对整幅地图总体信息量的贡献（如表 4-3 所示）。

表 4-3 点要素的空间分布信息量

地图	要素个数	单幅地图信息量（bit）	对总体信息的贡献（%）
（a）	4	1.59	52.6
（b）	3	0.86	28.5
（c）	3	0.57	18.9

可以看出，地图 4-9（a）中点要素对整体地图空间分布的贡献较大，占 52.6%，因此这部分要素在地图的空间分布上占有主要的影响因素，在渐进传输的时候应该首先考虑把这部分要素先进行传输。与几何大小因子不同，空间分布是从地图的覆盖度来衡量要素的信息量，因此优先传输的要素在地图上的覆盖区域要大一些。用户通过先显示的图形，能够首先看到要素在地图上的分布状况以及地图覆盖范围的大小，这些对用户获取地图的信息也是很有用的。

如图 4-8（b）所示的线状要素分布，根据式 4-16 可得其空间分布的总体信息量为：

$$H_{线要素}(X) = H(P_1, P_2, \cdots, P_{10})$$

$$= -\sum_{i=1}^{10} P_i \log P_i = 0.27 + 0.46 + 0.18 + 0.4 + 0.43 + 0.38 +$$

$$0.23 + 0.38 + 0.17 + 0.22 = 3.12$$

同样，按照格网划分的思想对面要素进行选取，依次把每个格网包含的要素选取出来，然后重复这个过程，直到全部的要素选取完毕为止。如将图 4-8（c）中的多边形进行分批选取后，选取结果可以表示为如图 4-10 所示的三幅地图。

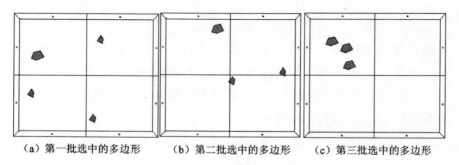

（a）第一批选中的多边形　　　（b）第二批选中的多边形　　　（c）第三批选中的多边形

图 4-10 多边形的空间分布选取过程

分别计算这三幅地图选中的要素所对应的空间分布信息量及其对整幅地图总体信息量的贡献(如表 4-4 所示)。

表 4-4　面要素的空间分布信息量

地图	要素个数	单幅地图信息量(bit)	对总体信息的贡献(%)
(a)	4	1.67	53.5
(b)	3	0.88	28.2
(c)	3	0.57	18.3

由此可见,图 4-10(a)中多边形的面积虽然相对较小,但是对整体地图空间分布的贡献较大,占 53.5%。因此这部分要素在地图的空间分布上占有主要的影响因素,在渐进传输的时候也应该首先考虑把这部分要素先进行传输。

4.2.3　专题属性因子模型

属性信息的信息量也可以通过信息熵来计算。要素属性信息量的计算方法为:

$$H(X) = -\sum_{i=1}^{k} P(x_i) \log P(x_i) \tag{4-17}$$

其中,k 为属性的分级数量,$P(x_i)$ 为要素出现在第 i 级的概率。对同一组数据,设有 m 种分级方法,则各种分级方法的信息量分别为 H_1,H_2,$\cdots$,H_m。如果每个属性都是独立的,则属性信息的信息总量为:

$$H = H_1 + H_2 + \cdots + H_m \tag{4-18}$$

如图 4-11 所示的居民点示意图,如果按照居民点的级别进行分级,假设居民点等级有 n 级,每级的居民点个数为 $a_i(i=1,2,\cdots n)$,总居民点个数为 N,设 $P(a_i)=a_i/N$,则根据式 4-17,可以计算出居民点关于等级分级的属性信息量为:

$$H_{居民点分级}(X) = H(P_1, P_2, \cdots, P_5)$$

$$= -\sum_{i=1}^{5} P_i \log P_i = 0.02 + 0.04 + 0.22 + 0.53 + 0.43$$

$$= 1.24$$

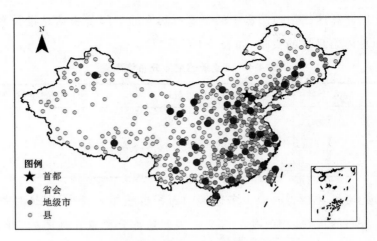

图例
★ 首都
● 省会
● 地级市
○ 县

图 4-11　居民点等级示意图

对于相同的一组数据,不同的属性等级划分得到的信息量可能也不同。如图 4-12 所示,如果按照居民点所属的行政区域进行分级,假设居民点所属行政划分地区有 n 个,每个地区的居民点个数为 $a_i(i=1,2,\cdots n)$,总居民点个数为 N,设 $P(a_i)=a_i/N$,则根据式 4-17,居民点关于行政区域分级的属性信息量为:

$$H_{居民点区域}(X)=H(P_1,P_2,\cdots,P_{34})$$

$$=-\sum_{i=1}^{34}P_i\log P_i=0.2+0.15+0.19+0.02+0.2+$$

$$0.05+0.17+0.15+0.02+0.15+0.13+0.14+$$

$$0.05+0.29+0.13+0.1+0.28+0.21+0.17+0.09+$$

$$0.12+0.16+0.12+0.19+0.12+0.21+0.1+0.2+$$

$$0.2+0.19+0.02+0.02+0.09+0.15$$

$$=4.78$$

可以看出,采用行政区域划分所得到的信息量与采用居民点等级划分的信息量是不同的,这里就需要考虑属性的权重关系。因为权重既能反映人们的主观特性,也能反映事件本身的某些客观的质的特性。经过加权之后,权重大的要素的概率应该大于权重小的要素的概率。如按照行政等级划分,直辖市的权重大于省会城市,省会城市的权重大于地级市。

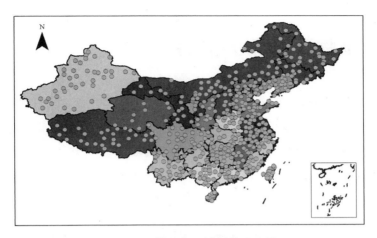

图 4-12　居民点区域划分示意图

加入了权重的信息熵称为加权信息熵,可以表示为:

$$H_\omega(X) = -\sum_{i=1}^{m} \omega_i P(x_i) \log P(x_i), \sum_{i=1}^{m} \log P(x_i) = 1 \qquad (4\text{-}19)$$

其中,$P(x_i)$ 是事件 x_i 发生的概率;ω_i 是事件 x_i 的权重,$\omega_i \geqslant 0$。如果城市的级别分为 5 级,则权重可设为 5、4、3、2、1,此时的居民点的等级划分信息熵为:

$$H_\omega(V) = H_\omega(P_1, P_2, \cdots, P_5)$$

$$= -\sum_{i=1}^{5} \omega_i P_i \log P_i = 0.02 \times 5 + 0.04 \times 4 + 0.22 \times 3 +$$

$$0.53 \times 2 + 0.43 \times 1$$

$$= 2.41$$

基于属性信息度量的方式需要知道各个要素信息相应的属性值。由于属性信息依赖于矢量数据本身的质量,大多数情况下也并没有适合分级的属性信息。而且属性分级主观性较大,缺乏一致性的判别标准,不利于建立统一的选取依据。另外,基于属性信息的选取过程也较为简单,只需要通过简单的查询,将对应分级的几何要素检索出来即可。因此本书暂不讨论基于属性信息的选取策略,仅从几何信息和空间分布两个因素实现地物要素的渐进选取过程。

4.3　地物要素渐进选取算法

　　地物要素的选取是进行矢量数据流式传输的基础。在面向地图可视的渐进传输过程中，为了提高传输效率、降低用户等待时间，需要先将一部分要素信息传输到客户端，此时要素的选取依据和方法极为重要。要素选取的过程可以表示为图 4-13，选取算法主要基于 4.2 节建立的几何大小信息量因子、空间分布信息量因子模型实现。

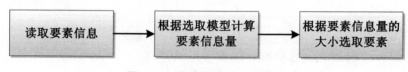

图 4-13　要素选取的一般过程

4.3.1　基于几何因子的选取算法

　　基于几何因子的要素选取模型主要通过要素的面积或长度进行选择，即先把面积大的或是长度长的要素个体选取出来，因为这些要素对总体信息量的贡献值较大。由于点状要素不具备面积或是长度信息，因此该模型主要应用于线状和面状要素的选取。

　　线状要素的长度或是面状要素的面积一般依赖于其属性信息，然而有些要素的属性信息不够完整，或者根本没有面积或长度的属性值。此时，如果直接计算曲线的长度或多边形的面积，计算过程过于复杂，运行效率较慢。因此，可以考虑使用线状要素和面状要素的外包围盒面积来近似地代替线的长度或是多边形的面积（如图 4-14 所示）。

　　可以看出，线状、面状要素的长度或面积与它们对应的包围盒的大小是成正相关的，而且包围盒本身还能体现出要素对周围空间的影响。因此在实际计算时，可以用要素包围盒的面积来代替要素本身的长度或面积。要素包围盒的面积只需要知道要素的最大、最小坐标即可，所以通过计算包围盒的面积大小，能够快速实现要素基于几何大小因子模型的选取过程。

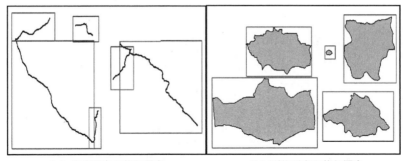

（a）线状要素及其包围盒　　　　（b）面状要素及其包围盒

图 4-14　要素及其包围盒

基于几何大小因子模型的要素渐进选取过程为：遍历全部要素，首先读取其包围盒的四至坐标（x_{min}，x_{max}，y_{min}，y_{max}），其中 x_{min} 和 x_{max} 为最小和最大经度坐标，y_{min} 和 y_{max} 为最小和最大纬度坐标；计算每个要素的包围盒面积，计算公式为

$$包围盒面积 = \text{Abs}((x_{max} - x_{min}) \times (y_{max} - y_{min}))$$

然后按照几何要素包围盒的面积从大到小排序。选取要素时从包围盒面积最大的开始选择，直到所有的要素选取完毕为止。算法流程如图 4-15 所示。

4.3.2　基于空间分布的选取算法

基于空间分布因子的要素渐进选取可以分为两个子过程：要素的划分和要素的选取。划分时，首先将地图区域划分成适当大小的格网，然后判断每个要素属于哪个格网范围，从而加入该格网列表中。对于点要素而言，只需要判断点的坐标在哪个格网中，然后直接加入到该格网列表中即可。对于线要素和面要素，由于其本身有一定的空间面积（长度），可能不会完全包含在一个格网单元中，或者会跨越几个格网单元，此时需要判断它属于哪个格网。由于要保证要素的完整性，即不能将该要素按照格网进行强制分割，因此定义了"要素几何参考中心"，只要参考中心属于某一个格网单元，就将该要素加入到相应的列表中。选取要素时，依次从每个格网中选择几何要素，直到所有的要素选取完毕为止。

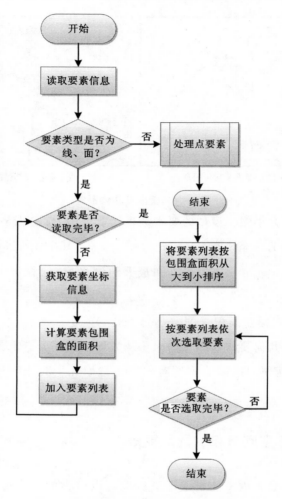

图 4-15　基于几何大小因子的要素选取流程图

首先,根据矢量数据的空间边界范围和空间要素个数确定 $rowNum$ 行 $*$ $colNum$ 列的空间格网,用 Grid $[rowNum, colNum]$ 表示。Grid 是一个二维矩阵,形式如下:

$$\begin{bmatrix} \text{ListGrid}(0,0) & \text{ListGrid}(0,1) & \cdots & \text{ListGrid}(0,colNum-1) \\ \cdots & \cdots & \cdots & \cdots \\ \text{ListGrid}(row,0) & \text{ListGrid}(row,1) & \cdots & \text{ListGrid}(row,col) \\ \cdots & \cdots & \cdots & \cdots \\ \text{ListGrid}(rowNum-1,0) & \text{ListGrid}(rowNum-1,1) & \cdots & \text{ListGrid}(rowNum-1,colNum-1) \end{bmatrix}$$

矩阵中每个元素 ListGrid (row, col) $(0 \leqslant row < rowNum,\ 0 \leqslant col <$

colNum)为一个格网单元列表,里面包含了属于该格网单元的所有要素信息。

其次,读取矢量数据文件(如 ShapeFile)信息,获取矢量图层的包围盒大小。其中包围盒也叫作外接矩形,其范围由矢量图层的最小横坐标 Lng_{min}、最小纵坐标 Lat_{min}、最大横坐标 Lng_{max}、最大纵坐标 Lat_{max} 组成。按照如下公式计算每一个格网单元 ListGrid(row,col)($0 \leqslant row <$ rowNum,$0 \leqslant col <$ colNum)的空间范围。

格网横向步长:$rstep = \mathrm{Abs}(Lng_{max} - Lng_{min}) \,/\, colNum$;

格网纵向步长:$cstep = \mathrm{Abs}(Lat_{max} - Lat_{min}) \,/\, rowNum$;

格网单元 ListGrid(row,col)的最小横坐标为:$Lng_{min} + rstep * col$

格网单元 ListGrid(row,col)的最大横坐标为:$Lng_{min} + rstep * (col+1)$

格网单元 ListGrid(row,col)的最小纵坐标为:$Lat_{min} + cstep * row$

格网单元 ListGrid(row,col)的最大纵坐标为:$Lat_{min} + cstep * (row+1)$

接着,读取空间要素的坐标信息,计算其几何参考中心 RefCerten(x, y)。对于点要素,几何参考中心即为它本身的坐标,即 RefCerten(x,y) $=$ Point(lng,lat),其中 lng 和 lat 分别为点要素的经度和纬度坐标值。对于线要素和面要素,首先读取其包围盒的四至坐标(x_{min}, x_{max}, y_{min}, y_{max}),其中 x_{min} 和 x_{max} 为最小和最大经度坐标,y_{min} 和 y_{max} 为最小和最大纬度坐标。则线和面的几何参考中心定义为其包围盒的中心坐标 RefCerten(x,y)。即:

$$x = x_{min} + (x_{max} - x_{min})/2 \,; \quad y = y_{min} + (y_{max} - y_{min})/2$$

判断要素的几何参考中心 RefCerten(x,y)属于哪个格网单元。遍历格网列表,如果(x,y)落在格网单元 ListGrid(row,col)的范围内,则把要素加入到该格网单元列表中。读取下一个几何要素的坐标信息,重复以上步骤,直到把所有的要素全部添加到对应的格网单元列表中为止。

选取要素时,依次从每个格网单元列表中选择几何要素,直到所有的要素选取完毕为止。

算法流程如图 4-16 所示。

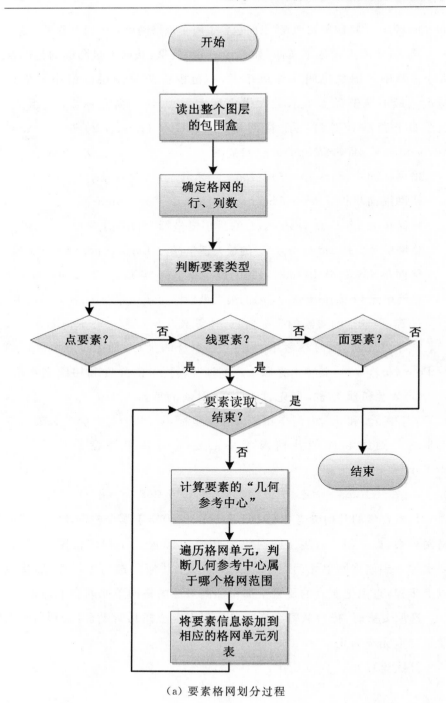

（a）要素格网划分过程

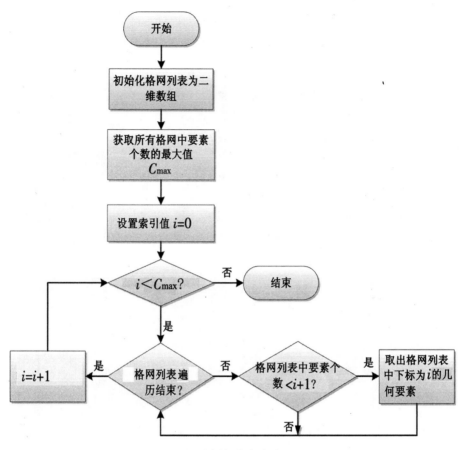

（b）要素渐进选取过程

图 4-16 基于空间分布因子的要素选取流程图

4.3.3 实验结果与算法分析

（1）点要素的选取

由于点要素不具备几何大小特征，故选取时只考虑其空间分布因子。以"1:100 万中国三级城市居民点"数据集为例进行点数据的渐进选取，其结果如图 4-17 所示。

在点要素的选取过程中，会按照空间分布将每个格网中的一部分点要素先显示出来，然后逐步增加，直到所有的要素显示完毕。这样用户会先看到点要素的一个总体分布，然后再从每个格网中添加新选中的点，直到最后得到所有点要素在地图上的空间分布情况。从图 4-17 可以看到，前两批选中的点要素基本覆盖了地图的整体，此时用户能先看到地图的概貌，然后再逐步看到更细节的信息。

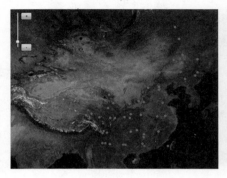
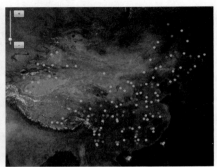

（a）第一批选中的点要素　　　　　　（b)加入第二批选中的点要素

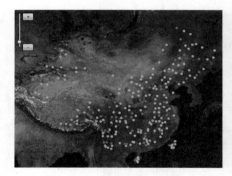
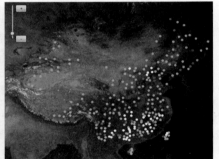

（c）加入第三批选中的点要素　　　　　（d）所有的点要素添加完毕

图 4-17　点要素渐进选取过程

算法运行的效率跟划分的格网个数和点要素的个数有关，其时间复杂度为 $O(C_{max} * row * col)$ ，其中 row、col 分别为格网的行、列数，C_{max} 为格网列表中包含点要素最多的元素个数。基于空间分布因子的渐进选取过程中，格网划分得越细，每一次选取的要素分布就会越均匀一些。但是划分太密的格网会增加循环遍历的次数，影响程序的运行效率。如在中国 1：100 万三级城市居民点点要素选取过程中，不同的格网划分数目与对应的点要素的信息熵如表 4-5 所示。

表 4-5　格网数目与点要素的信息熵和程序运行时间

格网数目	信息熵	运行时间(ms)
3×3	2.87	4
6×6	4.48	4
12×12	6.05	5
24×24	7.39	9
50×50	8.21	24
100×100	8.33	84
500×500	8.34	1941

　　根据信息熵的性质,要素在空间分布越均匀,信息熵值越大,因此格网划分得越细,要素区域分布得就越平均,从而信息熵就越大。但是当格网分得过细的时候,信息熵并不能大幅提高,而运行时间却显著增加,因此在进行划分的时候要兼顾信息量大小和程序的运行效率。如图 4-18 所示,可以看出当格网划分在 50×50 个之后,信息量趋于平稳,因此一般来讲可以根据要素的个数将格网划分在 50×50 左右的范围内即可。要素多一些,格网划分得就细一些;要素少的话,格网划分得就粗一些,以便提高程序的运行效率

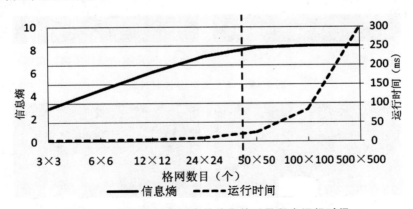

图 4-18　格网数与点要素的信息熵以及程序运行时间

（2）线要素和面要素的选取

　　由于线要素和面要素同时具有几何大小特征和空间分布特征,因此在选取的时候要兼顾这两个因素。对于线、面要素可以先按照空间分布

因子将要素划分到不同的格网单元中。选取的时候依次从每个格网中选择包围盒面积最大的要素，直到所有要素选取完毕。以"1:400 万中国基础地理数据集"为例进行线要素和面要素的渐进选取，其结果如图4-19、4-20 所示。

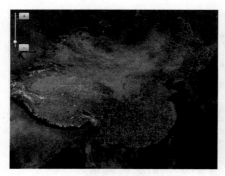
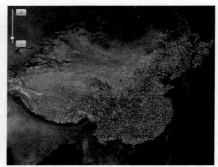

（a）第一批选中的线要素   （b）加入第二批选中的线要素

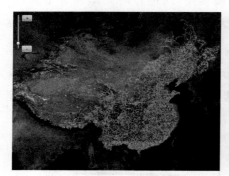
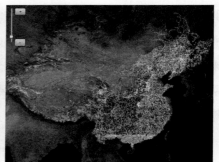

（c）加入第三批选中的线要素   （d）所有的线要素添加完毕

图 4-19 线要素渐进选取过程

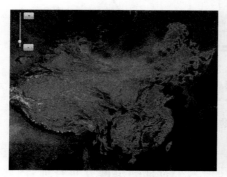
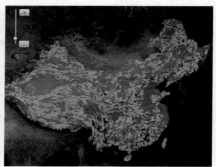

（a）第一批选中的面要素   （b）加入第二批选中的面要素

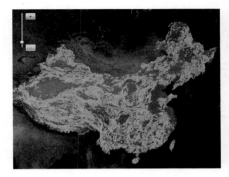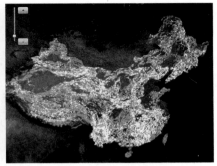

　　（c）加入第三批选中的面要素　　　　　　（d）所有的面要素添加完毕

图 4-20　面要素渐进选取过程

可以看出，在线状要素和面状要素的渐进选取过程中，会按照格网分布的空间范围，将长度较长或面积较大的要素先选取出来，然后再选择比较小的以及更小的要素显示，从而达到一种渐进显示的效果。选取结果证明，优先选取的要素对地图构图具有较大的影响，变化差异比较大，用户的视觉感较为明显，从而获取的信息量较多。

算法的运行时间主要用于格网的划分以及读取元素和排序上，另外计算要素包围盒的面积和格网的交集也会消耗一定的时间，所以可以在交集求取以及判断相应的格网范围过程中再进一步地优化，提高运行效率。计算要素几何大小的时间复杂度为 $O(n)$ ，其中 n 为多边形的个数；格网划分及选取的时间复杂度为 $O(C_{\max} * row * col)$ ，其中 row、col 分别为格网的行、列数，$C_{\max}$ 为格网列表中包含要素最多的元素个数。

4.4　本章小结

地物要素的渐进选取是进行矢量数据渐进传输的基础，本章通过引入信息学中信息熵的概念，对要素信息进行了定量的度量。在此基础上提出了要素选取的几何大小因子模型、空间分布因子模型和专题属性因子模型，设计了基于几何因子大小和空间分布模型的要素渐进选取算法，并对其进行了实验和分析。实验证明，该算法能够满足在信息获取最大化的前提下对要素进行渐进选取，保证将包含信息量大的数据优先传输显示，然后逐步增加细节部分，这符合用户获取信息的一般规律。

5 适用于流式渐进传输的
矢量数据组织模型

矢量数据的选取策略解决了流式传输中要素传输的顺序问题。如何按照选取模型组织要素,形成流式传输信息单元结构,则涉及矢量数据传输的组织形式。当前的矢量数据存储格式大多是基于桌面 GIS 设计,并不适用于流式传输,需要对矢量数据进行重新组织,并且增加要素的渐进选取信息。本章将从 OpenGIS 简单要素规范和流媒体文件的组织结构着手,详细讨论流式传输过程中矢量数据的组织形式,并依据要素选取策略,设计实现将普通矢量文件转换为可以用于流式渐进传输的数据组织模型。

5.1 OpenGIS 简单要素规范

OpenGIS 简单要素规范是 OGC(2002)为实现地理信息互操作而制定的一系列标准之一。OGC 致力于地理空间数据与地理处理标准的开发,主要工作就是制定空间信息、基于位置服务相关的标准。这些标准提供了统一的接口,用于不同厂商、不同产品之间的互操作。

5.1.1 OGC 空间数据交换格式

OGC 的标准就是一些接口或编码的技术文档,不同的厂商、各种 GIS 产品可以对照这些标准来定义开放服务的接口、空间数据存储的编码、空间操作的方法等。由于各个 GIS 软件都定义了自己的空间数据格式,因此 OGC 定义了空间数据的交换格式,来实现各类 GIS 软件之间的空间数据格式交互。OGC 定义的空间数据格式主要有 WKT、WKB、GML 几类。Google Earth 作为 Web 地理信息应用的大众化平台,已得到业界和用户的广泛认可,它所采用的 KML(Keyhole Markup Language)数据格式已成为事实上的业界标准,并被推荐为 OGC 规范。常用的 OGC 规范如表 5-1 所示。

表 5-1　OGC 常用标准规范

OGC 标准	简称	说　明
GML in JPEG 2000	—	GML 和 JPEG 2000 编码图像的结合
Geography Markup Language	GML	提供 XML 编码的地理数据集
KML	KML	提供 XML 编码的标记语言(从 Google 引入)
Location Services	OpenLS	定位服务
Simple Features	SFS	简单要素对象
Web Coverage Processing Service	WCPS	Web 覆盖处理服务
Web Coverage Service	WCS	Web 覆盖服务
Web Feature Service	WFS	Web 要素服务
Web Map Context	—	Web 地图环境
Web Map Service	WMS	Web 地图服务
Web Map Tile Service	WMTS	Web 瓦片地图服务
Web Processing Service	WPS	Web 处理服务
Web Service Common	OWS	OGC Web 服务通用规范

5.1.2　OGC 简单要素标准

OGC 简单要素标准(OpenGIS ®Simple Features Interface Standard, SFS)规定了对点、线、面以及多点、多线、多面等简单要素的存储、发布、读取等简单操作(Herring,2011)。SFS 中描述了简单要素的通用几何对

象模型以及这部分模型在结构化查询语言（SQL）中的实现。图 5-1 为
SFS 中定义的几何对象的继承关系。

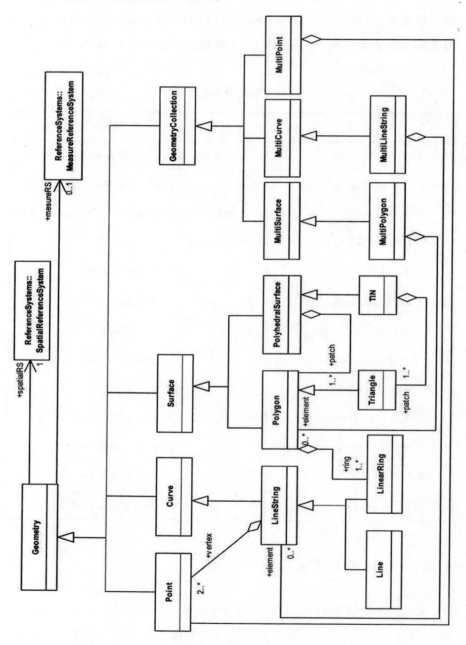

图 5-1　SFS 中定义的几何对象的继承关系（Herring, 2011）

图 5-1 表示的是 SFS 中几何对象的关系结构,其中 Geometry 是层次结构中的基类,它是一个抽象类,其他要素对象是对它的具体实现。简单要素规范中的几何对象主要定义了点、线、面以及多点、多线、多面等常用的几何对象类型。

SFS 的说明书中定义了两种描述空间对象的标准方式:一种是 WKT(Well-Known Text)文本格式的编码规范,另一种是 WKB(Well-Known Binary)二进制格式的编码规范,这两种形式都包括对象的类型信息和坐标信息。

(1)WKT 编码规范

WKT 是一种文本标记语言,通过文本格式来表示矢量几何对象、空间参照系以及它们之间的转换。WKT 可以表示的几何对象包括点、线、面、不规则三角网和多面体。表 5-2 是用 WKT 来描述空间要素对象的例子。

表 5-2　WKT 描述的空间要素

几何类型	表示形式	说明
Point	Point(15 15)	1 个点
LineString	LineString(15 25,25 20,45 35)	有 3 个节点的曲线
Polygon	Polygon(15 15,15 25,25 25,25 15,15 15)	只有 1 个外环的多边形
MultiPoint	MultiPoint((15 15),(25 25))	含有 2 个点的多点
MultiLineString	MultiLineString ((15 15,25 25),(10 10,30 20))	含有 2 条线的多线
MultiPolygon	MultiPolygon ((15 15,15 25,25 25,25 10,15 15), (65 65,75 75,85 95,65 65))	含有 2 个多边形的多面
GeometryCollection	GeometryCollection Point(15 15), Point(25 25), LINESTRING(15 10,25 20)	含有 2 个点和 1 条线的几何对象集合
Point	Point Z(15 15 10)	1 个三维点

（2）WKB 编码规范

WKB 是 WKT 的二进制表示方式，通过序列化的字节对象来描述几何要素。相对于 WKT 编码规范，WKB 更适合于计算机处理。因为计算机中存储的数据都是以二进制的形式存在，在进行数据传输和处理的时候不需要额外的转换过程，处理效率更高。WKB 主要涉及两种数值类型：一种是无符号整型（UINT32），占 4 个字节，主要用来表示几何对象的类型、节点个数等数据；另一种是双精度浮点型（double），占 8 个字节，用来存储几何对象的实际坐标值。

WKB 的基本结构如图 5-2 所示。

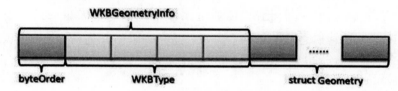

图 5-2　WKB 的基本结构

WKB 的基本结构中每个字节的含义如表 5-3 所示。

表 5-3　WKB 中每个字节的含义

字节	字段	类型	内容
1	byteOrder	UINT32	表示数据结构在计算机里面的内存排布
2～5	WKBType	UINT32	表示 WKB 的几何类型
6	WKBGeometry	UB[ ]	字节数组，表示该几何类型的二进制编码

① byteOrder（字节序）

字节序描述了数据结构在计算机里面的内存排布。WKB 结构的第 1 个字节是字节序，描述了 WKB 结构在内存的排列是从高地址位向低地址位排列（Big Endian），还是由低地址位向高地址位排列（Little Endian）。如果 WKB 描述的字节序与主机字节序不同，需要将 WKB 的字节序进行逆序变换，转换为主机字节序，否则 WKB 无法被正确解析。

② WKBType（要素类型）

第 2～5 的 4 个字节为一个 UINT32 型变量，描述了 WKB 的几何要素类型。

系统可以根据 wkbType 描述的几何类型来解析不同的 WKB 结构，如点、线、面、多点、多线、多面等。

③ WKBGeometry（结构体）

从第 6 个字节开始是一个 WKB 点、线、面的数据结构，定义了几何要素的坐标结构，主要用来表示实际的坐标值。

第一，WKBPoint 的定义：对于一个点来说，它的 WKB 描述应该类似如图 5-3 的结构，总共占据 21 个字节。

字节序 (1B)	几何类型 (4B)	X坐标 (8B)	Y坐标 (8B)

图 5-3　WKB 描述点的字节结构

第二，WKBLineString 的定义：对于有 2 个节点的线来说，它的 WKB 描述应该类似如图 5-4 的结构，总共占据 41 个字节。

字节序 (1B)	几何类型 (4B)	节点数 (4B)	X1坐标 (8B)	Y1坐标 (8B)	X2坐标 (8B)	Y2坐标 (8B)

图 5-4　WKB 描述线的字节结构

第三，WKBPolygon 的定义：对于仅有 1 个环、由 3 个顶点构成的多边形来说，它的 WKB 描述应该类似如图 5-5 的结构，总共占据 81 个字节。

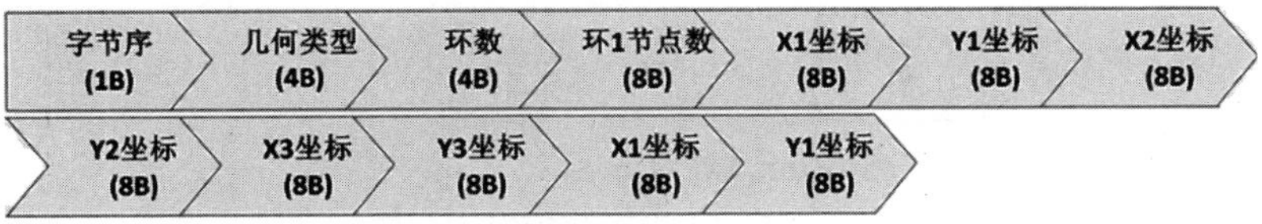

字节序 (1B)	几何类型 (4B)	环数 (4B)	环1节点数 (8B)	X1坐标 (8B)	Y1坐标 (8B)	X2坐标 (8B)
Y2坐标 (8B)	X3坐标 (8B)	Y3坐标 (8B)	X1坐标 (8B)	Y1坐标 (8B)		

图 5-5　WKB 描述多边形的字节结构

另外，WKB 还定义了多点、多线、多面的结构，分别是点、线、面的扩展，此处就不再详细介绍。

5.2　矢量数据流式组织方式

矢量数据的 Web 在线可视化应用中，常见的矢量文件（如 Shapfile）必须等到全部传输完毕后，才能进行显示，这显然不符合流式传输的机制。要想实现矢量数据在网络上的流式传输，必须设计一种满足流式传输的矢量文件新的组织形式。本节在分析了流媒体文件组织格式的基础上，设计了一种可独立分块传输的矢量数据单元，这种独立分块结构意味着分块后的每个流式传输单元可独立显示，而不依赖于其他传输单元，从而实现矢量数据的"边传输，边显示"。

5.2.1　流媒体文件组织结构

流媒体指的是采用流式传输的方式在互联网上播放的音频、视频媒体文件。流媒体文件一般都采用高压缩比的音视频编码（如 MPEG4）来减少文件的存储量，并会按照播放时间的先后顺序分段存储，且附有索引信息，以便快速定位。如 Adobe 公司的 FLV（Flash Video）视频格式，由于其视频文件具有体积轻巧、封装简单等特点，很适合在网络上进行应用，是现在非常流行的流媒体格式。

FLV 采用媒体封装格式，可以将其数据部分视为二进制字节流，适合网络传输和计算机处理。一个 FLV 包括文件头（File Header）和文件体（File Body）两部分，其中文件体由一系列的 Tag 及 Tag Size 对组成（Adobe，2010）。FLV 文件的结构如图 5-6 所示。

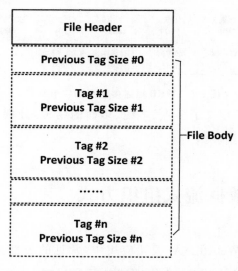

图 5-6　FLV 文件的总体结构

（1）File Header 结构

File Header 在当前版本中总是由 9 个字段组成，每个字段的含义如表 5-4 所示。

表 5-4 FLV 文件 File Header 结构

字节	字 段	类型	内 容
1	Signature	UINT8	'F'(0x46)
2	Signature	UINT8	'L'(0x4C)
3	Signature	UINT8	'V'(0x56)
4	Version	UINT8	文件版本，目前为 1(0x01)
5	TypeFlagsReserved	UB [5]	前 5 位保留，必须为 0
	TypeFlagsAudio	UB [1]	第 6 位表示是否存在音频 Tag(1 表示存在)
	TypeFlagsReserved	UB [1]	第 7 位保留，必须为 0
	TypeFlagsVideo	UB [1]	第 6 位表示是否存在视频 Tag(1 表示存在)
6	DataOffset	UINT32	表示从 File Header 开始到 File Body 开始的字节数（9）

（2）File Body 结构

File Body 主要由 Tag 及 Tag Size 对组成，其中，Previous Tag Size 紧跟在每个 Tag 之后，是一个无符号整型（UINT32）的数值，占 4 个字节，表示前面一个 Tag 的大小。一般情况下，Previous Tag Size ♯0 的值总是为 0。Tag 类型包括视频、音频和脚本，且每个 Tag 只能包含一种类型的数据。

Tag 包括 Tag Header 和 Tag Data 两部分。不同类型的 Tag 的 Header 结构是相同的，但是 Data 结构各不相同，Tag Data 里面的数据可能是视频、音频或者脚本。Tag 的结构如表 5-5 所示。

表 5-5 FLV 文件的 Tag 结构

字节	字段	类型	内 容
1	TagType	UINT8	表示 Tag 类型，包括音频（0x08）、视频（0x09）和脚本数据（0x12）
2～4	DataSize	UINT24	表示该 Tag Data 部分的大小

字节	字段	类型	内　　容
5～7	Timestamp	UINT24	表示该 Tag 的时间戳（单位为 ms），第一个 Tag 的时间戳总是 0
8	TimestampExtended	UINT8	为时间戳的扩展字节，当 24 位数值不够时，该字节作为最高位将时间戳扩展为 32 位值
9～11	StreamID	UINT24	表示媒体流的编号，总是 0
12	Tag Data		后面的字节为 Tag Data 数据，Data 的大小由第 2～4 字节的数值指示，根据第 1 个字节指示的 Tag 类型，按照不同的结构解析 Tag Data

通过流媒体播放器播放 FLV 文件时，相当于将每个 Tag 缓存在本地，然后对其进行解析，从而播放其中的内容。由于每个 Tag 都是一个单独的片段，传输的时候可以按照 Tag 的编号依次将数据发送过来。Tag Data 里面包含了某种媒体类型数据的编码信息，只需要按照媒体的数据格式进行解析，就能播放出连续的画面或声音。为了保证播放的同步性，需要按照时间顺序对各个 Tag 重新排序，因此还需要有同步标识。

5.2.2　矢量数据流文件组织方式

流媒体文件通常采用分块的方式，将视频或音频数据分解为一个个压缩包，传输时通过读取分包信息将压缩包缓存到客户端。客户端则按照压缩包的时间顺序进行排序，从而使视频或音频数据能够正确连续地播放。流式传输中的矢量文件实际上也需要有分块机制。每个块可以独立传输和显示，而无须等到全部块传输完毕再显示。

由于 FLV 流媒体文件体积轻巧、结构简单，因此根据 FLV 文件的组织方式，设计了一种适应流式传输的矢量流文件格式 Vector Stream File（VSF）。这种矢量流格式具有分块信息，能够适应流式传输过程。为便于网络传输和计算处理，将 VSF 文件存储为二进制字节流。矢量流文件的结构如图 5-7 所示。

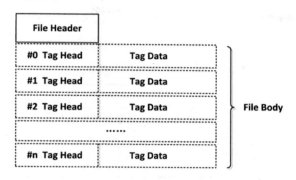

图 5-7　VSF 矢量流文件的结构

一个 VSF 矢量流文件包括文件头（File Header）和文件体（File Body）两部分，其中文件体由一系列的 Tag 组成。

Tag 类型包括点、线和面要素类型，每个单独的 Tag 只能包含一种类型的要素，不同的 Tag 可以包含不同类型的要素。因此基于独立分块的矢量结构可以在一个文件中同时包含点、线、面、多点、多线、多面等不同类型的矢量要素，达到点、线、面同步传输的目的。

（1）File Header 结构

File Header 在当前的版本中总是由 16 个字节组成，每个字节的含义如表 5-6 所示。

表 5-6　File Header 字节的含义

位置	字段	值	类型	字节顺序
Byte 0	文件标识（File Signature）	'V'(0x56)	UINT8	Little
Byte 1	File Signature	'S'(0x53)	UINT8	Little
Byte 2	File Signature	'F'(0x46)	UINT8	Little
Byte 3	File Signature	'\0'(0x00)	UINT8	Little
Byte 4	版本号	文件版本,当前为1(0x01)	Int32	Little
Byte 8	文件头长度（FileHead Length）	表示从 File Header 开始到 File Body 开始的字节数(版本 1 中总为 16)	Int32	Little
Byte 12	numTags	File Body 中 Tag 的数目	Int32	Little

（2）File Body 结构

File Body 结构由 Tag Head 和 Tag Data 组成，每个字节的含义如表 5-7所示。不同类型 Tag 的 Head 结构是相同的，但是 Data 结构各不相同。

表 5-7　File Body 字节的含义

位置	字段	类型	描　　　　　述
Byte 0	Tag Head		表示矢量要素的基本信息
Byte 12	Tag Data	Byte[]	序列化的二进制编码，表示 MultiPoint、MultiLine 和 MultiPolygon 的几何要素信息

① Tag Head 结构

Tag Head 总是由 12 个字节组成，每个字节的含义如表 5-8 所示。

表 5-8　Tag Head 字节的含义

位置	字段	值	类型	字节顺序
Byte 0	Tag ID	Tag 的编号，从"0"开始。Tag ID＝0 为 onMetaData Tag	Int32	Little
Byte 4	Tag Type	表示要素的类型（Shape Type）	Int32	Little
Byte 8	Tag Data Size	表示该 Tag Data 部分的大小	Int32	Little

其中 Shape Type 的值如表 5-9 所示。

表 5-9　Shape Type 的取值

值	Shape 类型
0	Null Shape（MetaData）
1	MultiPoint
2	MultiLine
3	MultiPolygon

② Tag Data 结构

Tag Data 结构是一个序列化的二进制编码，分别表示 MultiPoint、MultiLine 和 MultiPolygon 的几何信息。每个 Tag Data 的矢量编码采用了改进的 WKB 编码格式（去掉了 WKB 中 byteOrder 和 wkbType 两个字段，增加了包围盒面积信息），并序列化为二进制编码。其中 Tag ID 为 0

的 Tag Data 为 onMetaData Tag，会放一些关于矢量数据分级的参数信息。该类型 Tag 会跟在 File Header 后面作为第一个 Tag 出现，而且只有一个。

5.2.3 基于 WKB 的几何要素存储结构

矢量数据流式组织中，要素几何部分的数据结构主要基于 WKB 的编码规范。WKB 矢量编码能够描述较为丰富的矢量数据格式，并且为二进制编码，适用于计算机处理和网络传输。而且现有的 Web 端可视化技术大多支持 WKB 编码格式的解析，使用范围较广。原始的 WKB 编码主要是为不同的 GIS 软件所产生的不同矢量数据格式之间进行交换而设计的，如果用于流式渐进传输还需要对其组织结构进行改进。

改进之后的几何要素编码也包括两种数值类型：一种是 UINT32，表示为一个无符号的整数，占 4 个字节，用来存储节点个数、几何对象类型等信息；另一种是 double，表示为一个浮点数，占 8 个字节，用来存储坐标值。在编码中去掉了字节序这个字段，编码的时候统一使用 Little Endian 字节序；去掉了几何要素类型字段，几何要素类型统一在矢量文件中进行描述，这样可以使数据结构进一步简化，压缩数据量；另外添加了几何要素包围盒的面积字段，用于存储要素的信息量，以便进行渐进选取。

几何要素类型仍然分为点、线、面、多点、多线、多面等几何类型，其中点、线、面结构如图 5-8 所示。

（a）点要素数据结构

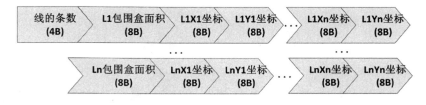

（b）线要素数据结构

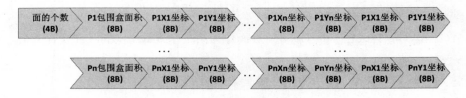

（c）面要素数据结构

图 5-8   面向渐进选取的几何要素字节结构

首先定义了几何对象类型作为所有要素的基本类型，如下所示：

enum StreamType：uint32// Geometry 类型

{

      NullShape = 0，   // 无

      Point = 1，   // 点要素

      Line = 2，   // 线要素

      Polygon = 3，   // 面要素

      MultiPoint = 4，   // 多点

      MultiLine = 5，   // 多线

      MultiPolygon = 6，   // 多面

LineRing = 7，   // 环

}

（1）Point 类型

点要素定义较为简单，仅包括坐标信息，如下所示：

struct Point   // 点要素

{

      double x；   // X 坐标

      double y；   // Y 坐标

}

（2）Line 类型

线要素包括点的数目、点坐标数组。为了实现线要素的渐进选取，加入了包围盒的面积信息，用于线要素划分时进行比较和排序，如下所示：

struct Line//   线要素

```
{
    uint32 numPoints;          // 组成一条线的点的数目
    double boxArea;            // 线要素包围盒面积
    Point[] points;            // 线要素中的点坐标
}
```

（3）Polygon 类型

面要素包括组成多边形的环的数目、环坐标数组。为了实现面要素的渐进选取，加入了包围盒的面积信息，用于面要素划分时进行比较和排序，如下所示：

```
struct LineRing                // 定义一个环结构
{
    uint32 numPoints;          // 环中点的个数
    Point[] points;            // 点坐标数组
}

struct Polygon                 // 面要素
{
    uint32 numLineRings;       // 环的数目
    double boxArea;            // 面要素包围盒面积
    LineRing[] rings;          // 环坐标数组
}
```

（4）MultiPoint 类型

多点类型是把多个点要素组织在一起，用一个数据结构来表示，在解析的时候能够加快解析速度，提高效率。它包括点的个数和点坐标数组，如下所示：

```
struct MultiPoint              // 多点
{
    uint32 numPoints;          // 点要素的数目
    Point[] points;            // 点要素坐标数组
}
```

（5）MultiLine 类型

多线类型是把多个线要素组织在一起，用一个数据结构来表示，在解析的时候能够加快解析速度，提高效率。它包括线的个数和线要素数组，如下所示：

```
struct MultiLine              // 多线
{
      uint32 numLines;           // 线的数目
      Line[] lines;              // 线要素数组
}
```

（6）MultiPolygon 类型

多面类型是把多个面要素组织在一起，用一个数据结构来表示，在解析的时候能够加快解析速度，提高效率。它包括面的个数和面要素数组，如下所示：

```
struct MultiPolygon              // 多面
{
      uint32 numPolygons;        // 面的数目
      Polygon[] polygons;        // 面要素数组
}
```

几何对象模型之间的关系如图 5-9 所示：

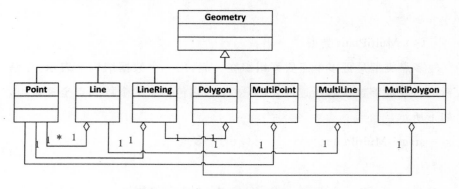

图 5-9　几何要素之间的继承关系

5.3 矢量数据流式转换器设计

矢量数据中由于每个要素都是独立的数据单元,因此可以采用独立分块存储的机制。按照要素选取策略的顺序,将矢量数据块的地物要素进行分块。在这种方式下,用户不必等到整个矢量文件全部下载完毕后再进行显示,而是只需将矢量流文件中的一个分块信息下载到客户端即可先看到显示结果,剩余的部分将继续边下载边显示,从而完成全部的显示过程。

图 5-10 为将大数据量的普通矢量文件格式转换为具有独立分块结构的流式文件的过程。

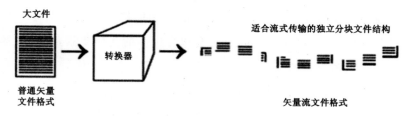

图 5-10 矢量文件格式转换过程

可以看出,流式传输过程中矢量数据文件格式的转换非常关键,也是非常重要的环节。因此需要设计一个转换器,用来将不能适应流式传输的普通矢量数据文件,转换为具有独立分块信息的、适应流式传输过程的矢量流式文件。

按照渐进显示的过程,需要将包含信息量最多的要素先传输,但同时也要考虑到传输的数据量的大小。一次性传输较多的数据不仅会增加等待时间,而且同时显示会对客户端造成较大的压力,因此进行转换时,需要确定适当的分块单元大小和包含的要素个数。针对常用的 Shapfile 格式的矢量数据文件,按照 5.2 节描述的矢量流式文件组织方式,设计了将 Shapfile 文件转换为矢量流文件的算法。

算法主要将 Shapfile 文件中的几何要素信息转换为两部分:File Header 和 File Body。其中 File Header 只有一个,主要用来描述矢量流文件的基本信息,包括文件标识、版本号、文件头长度以及分块个数。File

Body 中主要存储矢量要素的几何信息，以 Tag 的形式分块组织。文件标识、版本号、文件头长度为固定值，直接写入文件即可。分块的数目需要将所有的要素信息读取完毕才能得到，所以需要最后写入。

File Body 由多组 Tag 组成。每个 Tag 其实就是一个独立的分块单元，描述了该组几何要素的类型以及实际坐标信息。Tag Type 根据 Shapfile 文件中读出的几何要素类型确定，分为 MultiPoint、MultiLine 以及 MultiPolygon。坐标信息根据 Shapfile 文件实体信息中描述的坐标记录获取，通过计算要素包围盒面积的大小，然后按照 4.3 节的选取算法进行选取，构成一个个 Tag。由于几何信息部分存储的是二进制流，所以在存放 Tag 中的要素部分时，需要先把其坐标信息转换为二进制序列。这样可以进一步压缩数据量，方便网络传输。每个 Tag 的大小表示矢量流文件中独立分块的大小，也限制了客户端一次能够显示的几何要素的个数。因此分块不宜过大，过大的分块会包含过多的几何要素，一次性读取的时候会影响客户端的显示效率。

转换器实现算法框架如图 5-11 所示。

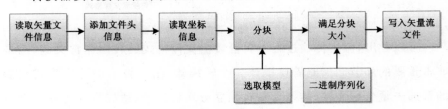

图 5-11 转换器算法框架

将 Shapfile 文件转换为矢量流文件的步骤为：

① 读取矢量数据文件（如 ShapeFile）信息，获取矢量图层的包围盒大小，根据矢量数据的空间边界范围和空间要素个数确格网单元的大小。

② 计算每一个格网单元的空间范围。

③ 读取空间要素的坐标信息，计算其几何参考中心 RefCerten(x, y)。

④ 遍历格网列表，如果 RefCerten(x, y) 落在格网单元 ListGrid(row, col) 的范围内，则把要素加入到该格网单元列表中。

⑤ 读取下一个几何要素的坐标信息，重复步骤③④，直到把所有的要素全部添加到对应的格网单元列表中。

⑥ 将每个加入到空间格网单元列表中的空间要素按照空间要素外接矩形的面积从大到小排序。

⑦ 遍历每个空间格网单元列表，如果该列表不为空，依次从中选取一个要素，添加到矢量分块单元数组 segmentData 中。

⑧ 重复步骤⑦，直到矢量分块单元数组 segmentData 的大小满足预先设定的分块大小，或者要素选取完毕。

⑨ 将步骤⑧中的矢量分块单元数组结合文件说明信息，形成矢量流分块文件。为便于网络传输和计算处理，将其存储为 VSF 文件。

算法流程如图 5-12 所示：

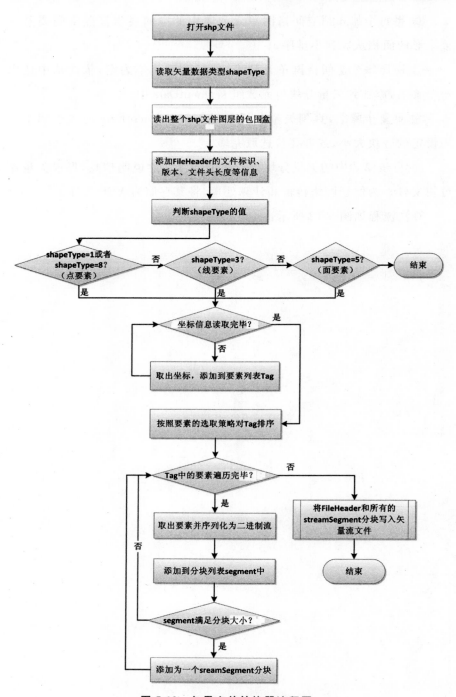

图 5-12　矢量文件转换器流程图

　　图 5-13 为通过一个 VSF 文件查看程序打开的转换之后的 VSF 文件,其中高亮显示的一行为矢量流文件的文件头,分别表示文件的标识("VSF")、版本号(0x01)、文件头长度(0x10)和 Tag 的个数(0x07)。从第二行开始为文件体,分别表示每个 Tag 的编号、类型、Tag 的大小以及矢量要素的二进制编码。

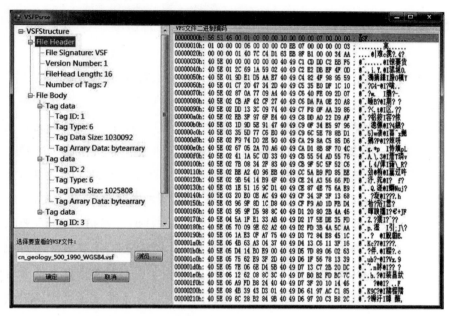

图 5-13　实际 VSF 文件的字节流

　　转换之后的矢量流文件体积轻巧,很适合在网络上进行传输和应用。原始的 ShapeFile 文件和转换之后的 VSF 文件的大小之间的对比如表 5-10所示。

表 5-10　转换前后文件大小的对比

文件名	要素类型	要素个数	原始大小（MB）	转换后的大小（MB）
xianjixingzhengqu_polygon	面	4459	33.53	30.35
dimaoxian_polyline	线	126741	92.41	85.97
jumin_point	点	35602	1.01	0.55

对矢量流文件进行解析的时候,首先确定要素类型,然后根据分块的个数确定文件中包含 Tag 的个数。通过读取每个 Tag 的大小信息取出 Tag Data 部分,再按照几何要素的存储结构获取矢量数据的几何坐标信息,从而进行显示。

5.4　本章小结

矢量数据流式传输过程中,矢量数据的组织形式尤为重要。由于普通的矢量数据文件不能直接用于流式传输和渐进可视,需要对其进行重新组织。本章基于流式传输过程中的分包机制,设计了一种矢量流式文件格式(VSF),支持点、线、面等基本几何要素的独立分块存储。这种专有结构可以满足每个分块作为独立的单元单独传输并在客户端处理,整个过程不依赖其他分块单元。VSF 文件存储为二进制字节流格式,包括文件头和文件体两部分。文件头描述了 VSF 文件的总体信息,包含要素类型。文件体为一个个独立的矢量要素块,几何信息部分遵循空间对象 WKB 编码规范,支持根据要素信息量的渐进选取和不同类型要素的融合存储。在此基础上,设计了矢量数据文件转换器,将不能适应流式传输的普通矢量数据文件,转换为具有独立分块信息的、适应流式传输的矢量流式文件。

6 矢量数据流式渐进传输机制

研究矢量数据的流式渐进传输机制和方法是满足矢量数据"边传输，边处理"应用的关键。RTP/RTCP 协议的实时性相对于 HTTP 协议的延迟性和单次无状态的连接，更适合网络流式渐进传输。本章将基于第 5章的矢量数据流式文件结构，提出基于 RTP 协议的载荷格式和组包算法，研究渐进传输质量的控制方法，建立基于 RTP/RTCP 协议的矢量数据流式渐进传输流程和机制。

6.1 RTP/RTCP 协议格式

实时传输协议是针对互联网上实时发送多媒体数据流的一个传输协议，可以在一对一或一对多的传输情况下进行工作。RTP 协议主要用来传输语音、图像、传真等多种需要实时传输的多媒体数据；RTCP 配合RTP 使用，对传输服务提供质量保障。

6.1.1 RTP 报文格式

RTP(Real-time Transport Protocol)是由互联网工程任务组开发的实时传输协议，可以在面向连接或无连接的下层协议上工作，通常和传输效率高的 UDP 协议一起使用。RTP 定义了两种报文：RTP 报文和 RTCP报文。RTP 报文用于传送流媒体数据(如音频和视频)，它由报头和数据两部分组成。RTP 的数据部分称为有效载荷(payload)，是传输过程中的主要数据信息。RTCP 报文用于传送控制信息，实现传输过程中的协议控制功能。

RTP 报头格式如图 6-1 所示。

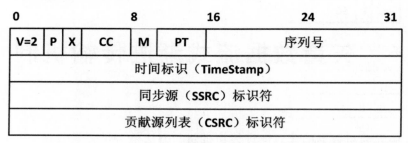

图 6-1　RTP 报文的头部格式

6.1.2　RTCP 报文格式

　　RTCP 提供数据质量反馈信息的分布，负责管理当前应用程序之间的传输质量以及控制信息的交换。在 RTP 会话中，每个参与者周期性地传送 RTCP 包，包含发送数据包的数量、丢失的数据包和其他统计数。服务器可以使用该信息来动态地改变传输速率或改变有效负载的类型。RTP 和 RTCP 结合使用时能有效地反馈和以最小的开销优化传输效率，所以特别适合传送网络上的实时数据。

　　RTCP 也是基于 UDP 进行传送分组信息。由于 RTCP 封装的仅仅是一些控制信息，因而分组很短，所以可以将多个 RTCP 分组组装在一个 UDP 包中。RTCP 有五种分组类型，包括发送端报告分组（SR）、接收端报告分组（RR）、源点描述项分组（SDES）、结束分组（BYE）和特定应用分组（APP）。

　　SR 类型的 RTCP 结构封装如图 6-2 所示。

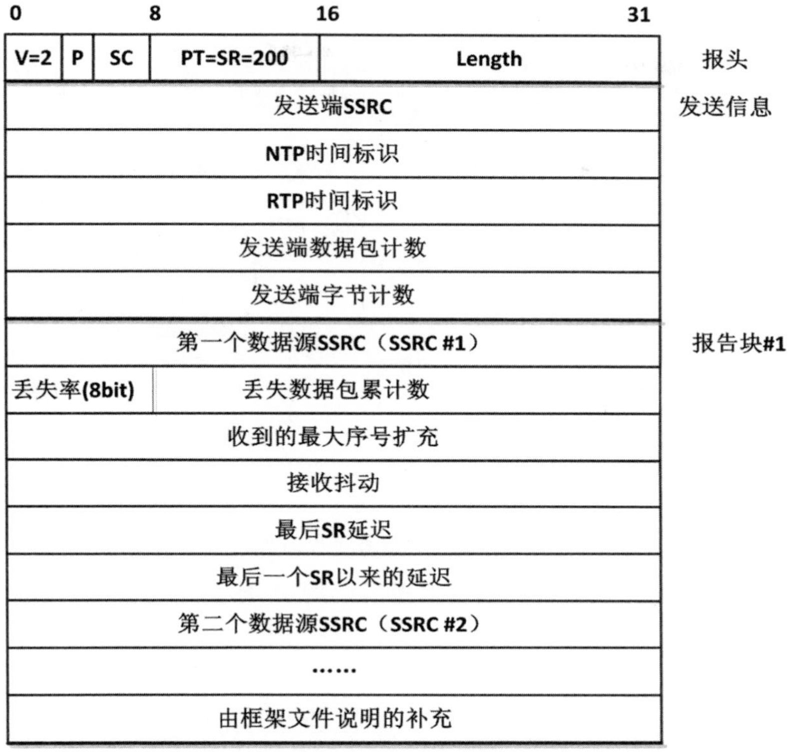

0	8	16	31	
V=2 | P | SC	PT=SR=200		Length	报头
发送端SSRC				发送信息
NTP时间标识				
RTP时间标识				
发送端数据包计数				
发送端字节计数				
第一个数据源SSRC（SSRC #1）				报告块#1
丢失率(8bit)	丢失数据包累计计数			
收到的最大序号扩充				
接收抖动				
最后SR延迟				
最后一个SR以来的延迟				
第二个数据源SSRC（SSRC #2）				
......				
由框架文件说明的补充				

图 6-2　发送端 RTCP 报文格式

6.2　矢量数据流式传输机制

矢量数据流式渐进传输过程中，涉及服务器端矢量数据的组织存储、矢量数据的网络传输机制以及矢量数据在客户端的重建机制。通过设计矢量数据的 RTP 封包和解包算法，实现发送端和接收端对矢量流数据的处理，有效地将流媒体传输协议应用于矢量数据的流式传输过程。

矢量数据流式渐进传输方式如图 6-3 所示，分为网络层、传输层、流处理层和用户层四个层次。

网络层（采用 IP 协议）为数据传输的底层协议，负责接收由更低层发来的数据包，并把该数据包发送到更高层——TCP 或 UDP 层。IP 数据包中含有发送端主机的地址（源地址）和接收端主机的地址（目的地址）。

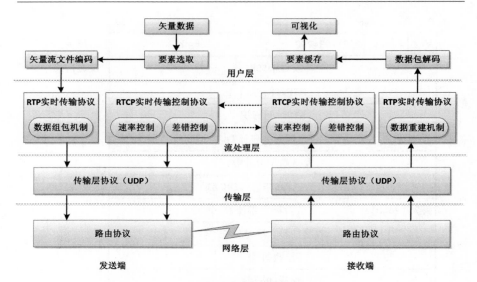

图 6-3　矢量数据流式传输方式

在传输的时候通过设置客户端和服务器端的 IP 地址,实现发送端和接收端的网络连接。

　　传输层负责总体的数据传输和数据控制,对一个进行的对话或连接提供可靠的传输服务,提供端到端的序号与流量控制、差错控制及恢复等服务。传输层有两种主要的协议:一种是面向连接的 TCP 协议,一种是无连接的 UDP 协议,在进行数据传输的时候通过设置客户端和服务器端的端口号来标识应用进程。在流式传输中,UDP 由于具有资源消耗小、处理速度快的优点,通常用来传输音频、视频和普通数据。因此传输层考虑使用 UDP 协议提高传输效率,同时通过差错控制保证数据质量。

　　流处理层则采用 RTP 协议,将编码后的矢量流封装为 RTP 数据包,通过网络层协议传输。RTP 数据包由包头和载荷两部分组成。RTP 包头提供了时间标签、序列号以及其他具有实时性特征的结构,用于控制实时数据的传输。RTP 载荷(payload)则是要传输的数据信息,这里即为矢量数据要素。在传输过程中,单个大于 RTP 载荷尺寸的要素需要被拆分成若干个 RTP 数据包,而多个远小于 RTP 载荷尺寸的要素需要被组合为一个 RTP 数据包。要素拆分与组合将借助于 RTP 包头的序列号、时间戳、同步源字段等定义在接收端进行 RTP 组包及要素的重建。对于传输质量控制环节,因为 UDP 本身不具有流量控制、丢包重传机制,传输质量控制环节需基于 RTCP 协议,从"传送速率控制"和"差错控制"两个方面保证传输质量。速率控制机制通过检测网络与丢包状况,结合接收端的数据尺度需求、缓冲区大小等反馈信息,对用户层要素选取策略作相应调整。

用户层负责矢量流数据编码和可视化。服务器端采用渐进分块的组织方式,从要素级别对矢量数据进行组织,并将常用的 Shapfile 文件转换为适合流式传输的矢量流文件,以便在流处理层进行流式传输。客户端负责矢量数据流的接收、缓存以及浏览器端的可视化。缓存的建立可以提高服务器的响应速度。当客户端向服务器发出请求,要求得到某区域的空间数据时,如果这些数据是第一次被访问,则服务器会将该数据流式传输到客户端,并建立缓存文件。当客户端再次需要相同的数据时,可以直接读取缓存文件,而不需要再次从服务器端接收数据,从而节省了时间。

6.2.1 矢量数据的封包和解包

使用 RTP 协议将矢量数据进行流式传输,需要将矢量数据流进行封包,并且在客户端进行解包操作,其过程如图 6-4 所示。

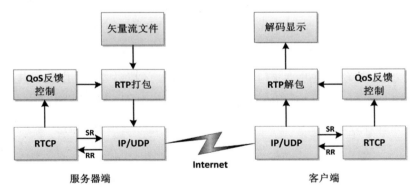

图 6-4 基于 RTP/UDP/IP 的矢量流传输框图

RTP 数据包没有长度限制,RTP 协议从上层接收矢量流信息,然后组装成 RTP 数据包发送给下层协议。下层协议提供 RTP 和 RTCP 的分包发送,并限制分包的最大长度。在发送端,矢量数据经过转换变为矢量流格式后，打成 RTP 数据包，利用 UDP 协议将其封装成 UDP 报文，然后交给 IP 层。在 IP 层中再打成 IP 包后发到网络上进行传输，与此同时也发送 RTCP 分组包，通过 RTCP 反馈控制模块的交互来完成对数据量的调控和丢包的统计。RTP 分组的首部格式如图 6-5 所示。

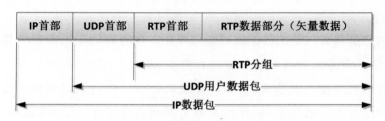

图 6-5   传输过程中的 RTP 分组

在接收端，传输到目的地的数据先通过 RTP/UDP/IP 协议的逆过程进行解包，再解析矢量流数据进行可视化。RTCP 根据接收端收到的数据包的情况（如丢包等）判断网络拥塞状态，并将信息及时反馈给发送端，发送端根据这些信息调整矢量数据的传输量。

RTP 数据包由包头和载荷两部分组成。RTP 包头提供了时间标签、序列号以及其他具有实时性特征的结构，用于控制数据的传输；RTP 载荷（payload）则是要传输的数据信息，这里即为独立分块的矢量数据要素。既然 RTP 载荷有合适的网络传输大小，那就意味着：单个大于 RTP 载荷尺寸的要素需要被拆分成若干个 RTP 数据包，而多个远小于 RTP 载荷尺寸的要素需要被组合为一个 RTP 数据包。要素拆分与组合将借助于 RTP 包头的序列号、时间戳、同步源字段等定义服务于 RTP 组包及要素的重建控制。也可在 RTP 载荷开头部分设计"矢量要素头结构信息"，说明要素被拆分或组合的情况，便于接收端根据这些信息进行矢量要素的重建。

封包的时候需要根据矢量分块结构在 RTP 报文的头部加入分块序号、分块大小、矢量数据类型等结构信息，连同几何要素坐标值一并封入 RTP 报文中。解包的时候根据封包结构，依次读出分块信息和几何坐标信息，按照序号顺序排列。通过读取每个 Tag 的大小信息取出 Tag Data 部分，再按照几何要素的存储结构解析矢量数据的几何坐标信息，从而进行显示。

其中发送端的数据封包过程如图 6-6(a)所示,接收端的解包过程如图 6-6(b)所示。

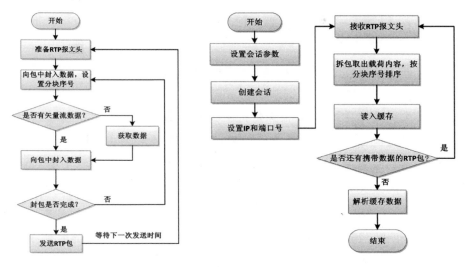

（a）发送端数据封包　　　　　　　（b）接收端数据解包

图 6-6　RTP 数据封包和解包流程图

RTP 首部中说明数据包顺序的信息是通过分块序号字段来描述的,它是数据以正确的顺序进行恢复的关键。在接收端,如果能够接收到数据分组的序号,就说明没有发生数据的丢失情况。然后通过序号进行排序,进而解析出正确的矢量数据信息。

6.2.2　矢量流文件的发送和接收

按照流媒体文件的传输机制,用户不用等待全部文件传输完毕之后再显示,而是只需要经过几秒钟的延时,然后就可以在浏览器端看到矢量数据的可视化效果。矢量文件的流式传输过程就是将服务器端的矢量流文件分割成一个个数据包,由服务器向用户端连续传送。客户端接收到数据包后即可在浏览器端显示,剩余的部分将继续进行传输,直至全部传输完成(如图 6-7 所示)。

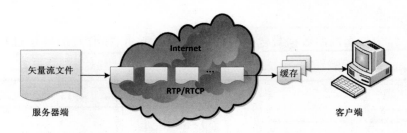

图 6-7   矢量流文件的传输过程

（1）发送端流程

矢量流文件通过 RTP 报文格式从服务器端进行发送，和普通流媒体文件发送的流程是一样的。首先需要设置好数据发送的目标地址，然后接收从客户端传过来的消息，接着获取要发送的矢量流文件的大小，如果大于允许的最大分包数的话需要分包发送。接着向目标地址发送矢量流数据，一般保存在客户端的缓存中，供客户端使用。之后再进行数据发送时只需指明要发送的数据及其长度就可以了。全部发送完毕后要关闭RTP 建立的所有回话，并回收使用的资源。

服务器端发送矢量流文件的流程如图 6-8 所示。

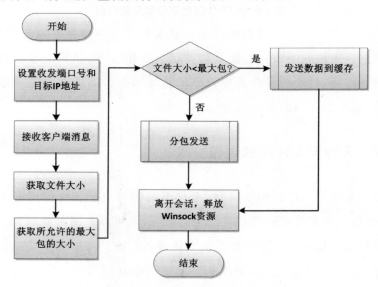

图 6-8   服务器端发送数据流程图

例如服务器端发送一个矢量流文件，当文件大小小于最大包长度时，则一次发送完毕；如果大于最大包长度，则分包发送（如图 6-9 所示）。

图 6-9 RTP 发送端发送数据包过程

（2）接收端流程

客户端发送请求给服务器端之后就等待数据的接收。接收端首先需要连接好服务器端地址，设置缓存文件的位置，然后接收从服务器端发送来的数据，写入缓存。如果发送的矢量流文件的大小小于允许的最大分包数，则一次写入，否则需要分批写入。全部接收完毕后要关闭 RTP 建立的所有回话，并回收使用的资源。

客户端接收矢量流文件的流程如图 6-10 所示。

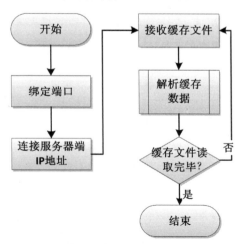

图 6-10 客户端接收数据流程图

　　例如客户端在接收一个矢量流文件时，如果发送的矢量流文件大于允许的最大分包数，需要分批写入（如图 6-11 所示）。

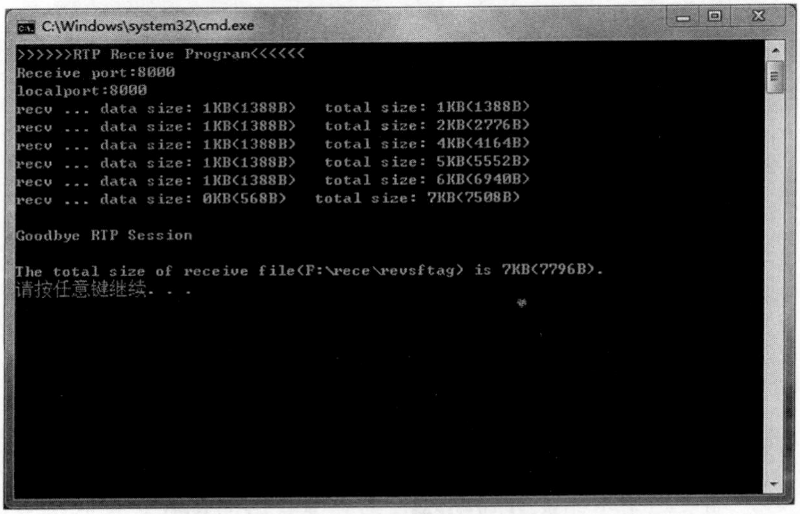

```
C:\Windows\system32\cmd.exe

>>>>>RTP Receive Program<<<<<<
Receive port:8000
localport:8000
recv ... data size: 1KB(1388B)     total size: 1KB(1388B)
recv ... data size: 1KB(1388B)     total size: 2KB(2776B)
recv ... data size: 1KB(1388B)     total size: 4KB(4164B)
recv ... data size: 1KB(1388B)     total size: 5KB(5552B)
recv ... data size: 1KB(1388B)     total size: 6KB(6940B)
recv ... data size: 0KB(568B)      total size: 7KB(7508B)

Goodbye RTP Session

The total size of receive file(F:\rece\revsftag) is 7KB(7796B).
请按任意键继续. . .
```

图 6-11　RTP 接收端接收数据包过程

6.3　流式渐进传输质量控制

　　RTP 协议为实时应用提供端到端的数据传输，但不提供任何服务质量的保证，服务质量由 RTCP 来提供。RTP/RTCP 可以工作在 TCP 或 UDP 协议之上。由于 UDP 具有资源消耗小、处理速度快的优点，通常 RTP/RTCP 结合 UDP 传输实时数据。但是 UDP 是一种无连接协议，当报文发送之后，服务器端无法得知报文是否安全和正确地到达客户端，所以需要 RTCP 实时监控数据传输和服务的质量。

　　RTP 通常使用用户数据报协议（User Datagram Protocol，UDP）来传送数据，但也可以在传输控制协议（Transmission Control Protocol，TCP）或异步传输模式（Asynchronous Transfer Mode，ATM）等其他协议之上工作（如图 6-12 所示）。

　　TCP 是 TCP/IP 体系中的运输层协议，提供面向连接的可靠传输服务。TCP 协议中提供了差错处理和 IP 端到端流量控制功能。TCP 连接

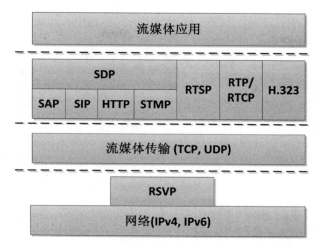

图 6-12　　RTP/RPTCP 在协议栈中的位置

的流量控制主要通过窗口机制来实现（Hall，2002）。发送方发送数据后，会等待接收方的确认应答；如果接收方没有响应，发送方会认为数据丢失，从而重新发送数据。

　　UDP 是一个简单的、面向数据报文的无连接协议，提供了快速但不一定可靠的传输服务。当接收端收到多个数据报文时，UDP 协议不能保证各个数据包到达的顺序与发出的顺序相同，所以需要根据报文中时间戳的值按照发送顺序重新排序。一般而言，UDP 协议的这种乱序性出现得很少，通常只会在网络非常拥塞的情况下才可能会发生，因此 UDP 协议在处理及时性服务中仍然具有重要的用途。

　　由于 UDP 不属于面向连接的协议，具有资源消耗小、处理速度快的优点，所以通常音频、视频和普通数据在传送时使用 UDP 较多。矢量数据的可视化应用需要的是低延迟的传输策略，而容许一定的容错性，因此也可采用 UDP 协议。对于可能出现的丢包或差错问题，可以通过差错控制通知服务器端重传。图 6-13 为矢量流文件传输过程中的 UDP 数据包封装内容。

　　UDP 协议提供了一种面向事务的简单但不可靠的信息传送服务，在网络质量十分差的环境下，UDP 协议数据包丢失会比较多。差错控制编码是在数据通信过程中能发现或者纠正差错，把差错限制在尽可能小的范围的编码方法。差错控制编码通常分为检错码和纠错码。顾名思义，

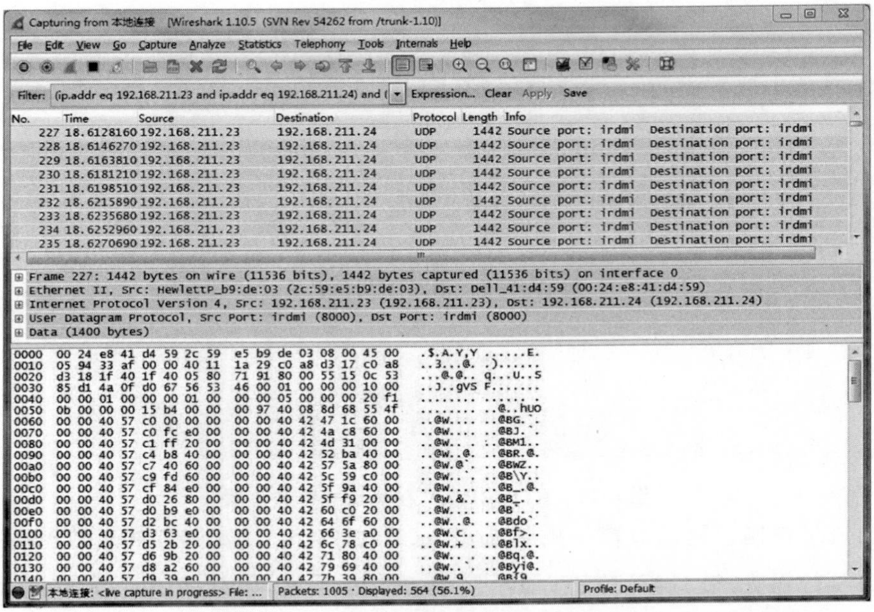

图 6-13   矢量数据封装的 UDP 数据包

检错码是指可以检查出错误的编码,而纠错码是可以纠正错误的编码。常用的检错码有奇偶校验、海明码校验、循环冗余检验和 MD5 校验等方式。

检错重发的方法也是一种差错控制的基本方法,利用收发双方的交互来实现检错重发。它通过双向通信道,实现收发双方信息交互,根据检错编码来判断发送的数据是否正确。检错重发方式的原理如图 6-14 所示。

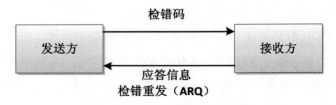

图 6-14   检错重发机制示意图

混合方式是采用纠错编码方式和检错重发方式相结合的方式来实现可靠传输。它不但具有纠错编码的纠错能力,而且在纠错编码不能够纠正错误时采用检错重发方式让发送端进行重发。混合方式其实是对纠错编码方式和检错重发方式进行结合,其原理如图 6-15 所示。

由于 UDP 是一种无连接的协议,缺乏双方的握手信号,因此发送方无法了解数据是否已经到达目标主机,因此在数据传输过程中可以通过

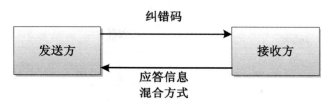

图 6-15 混合纠错方式

循环冗余校验码（CRC）来处理发送报文的错误、丢包现象。常用的有 CRC-5、CRC-12 校验算法，用来检查发送端发送的网络数据包到接收端是否正确。

定义相应的 CRC 结构和重发的命令格式：

```
typedef struct tagPack          // CRC 结构
{
int PackLength;                 // 发送包长度
char PackBuf [512];             // 发送包缓存
WORD CRC;                       // CRC 编码
}
typedef struct tagRepeatPackCmd    // 重发命令格式
{
    int PackSerialNo;       // 重发的数据包序号
    int RepeatTimes;        // 重发请求的次数,控制重发,也可去掉
} tRepeatPackCmd;
```

此时发送方有一个 CRC 编码字节，接受方收到以后，比较计算出的 CRC 和接收到的 CRC 是否一致即可判断收到的数据包是否出错。接收方一旦发现 CRC 校验不对，发送一个命令到发送方，通知重发该包即可（如图 6-16 所示）。

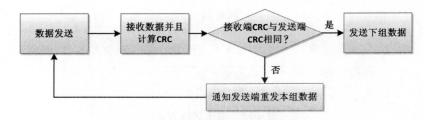

图 6-16　网络传输中的差错控制过程

6.4　本章小结

　　本章实现了基于 RTP/RTCP 协议的矢量数据流式传输过程。通过将编码后的矢量流封装为 RTP 数据包,从而实现流式传输的过程。单个大于 RTP 载荷尺寸的要素需要被拆分成若干个 RTP 数据包。同时也提出了矢量数据的 RTP 封包和解包算法,并采用高效的 UDP 方式实现了发送端和接收端对矢量数据流的处理。因为 UDP 本身不具有流量控制、丢包重传机制,通过利用基于 CRC 校验码的差错控制技术,来判断到达的数据包是否正确,从而保证渐进传输过程中的传输服务质量。下一章将通过研发的原型系统证明包括本章在内的整个矢量数据流式传输方法体系的可实现性和可用性。

7 矢量数据流式传输原型系统

基于前面论述的矢量数据选取策略和组织模型以及基于 RTP/RTCP 的流式传输机制,有必要通过一套矢量数据流式传输原型系统来验证相关框架、方法和技术的可操作性与可达性。本章将讨论原型系统的总体架构、模块组成和工作流程,并对系统运行的实际结果进行分析,为今后工作的推进建立事实依据。

7.1 系统设计

7.1.1 系统总体架构

基于流式传输的矢量数据渐进可视原型系统主要是为矢量数据的流式传输以及在客户端"边下载,边显示"的渐进显示策略的实现,从而提高系统响应能力,减少用户等待时间。系统以矢量数据流式组织模型、基于 RTP/RTCP 的流式传输协议和浏览器端的可视化为主。其总体架构如图 7-1 所示,其中:

基础设施层提供系统运行的硬件环境、软件环境,并保证网络的连通性。

数据层主要负责空间数据与属性数据的存储管理,为数据提供索引、备份、事务及安全控制机制,对原始数据(数据库或者文本文件等存放数据的形式)提供基本操作,对矢量数据文件进行组织管理。

业务逻辑层是整个系统的核心,包括矢量数据流式组织模块、传输模块和可视化模块,主要实现矢量流文件的转换、流式传输、客户端缓存和可视化。矢量数据流式组织模块主要用来将常用的 ShapeFile、Coverage、

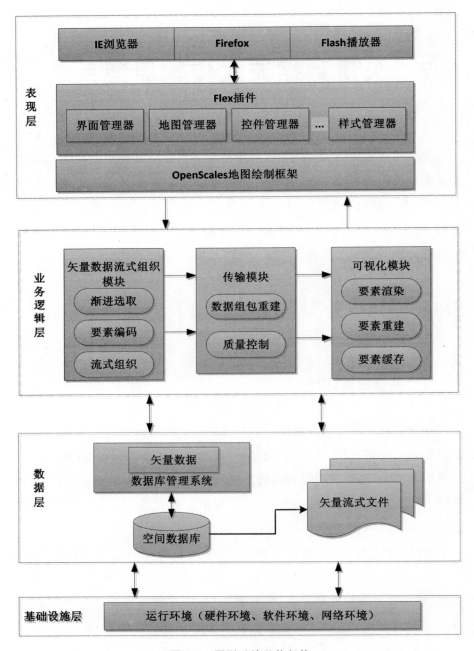

图 7-1   原型系统总体架构

KML、GML 等格式的矢量文件转换为具有独立分块信息的、适应流式传
输过程的矢量流式文件。转换之后的矢量流文件保存在服务器端，当客

户端发送请求时,通过对文件服务器的检索找到对应的矢量流文件,然后进行传输。流式传输模块主要负责和客户端建立 RTP 会话的连接,然后发送矢量流数据到客户端。可视化模块主要负责接收和缓存,通过轮询不断地从服务器端接收矢量数据并缓存在客户端,按照矢量数据组织格式解析出几何要素的类型及其坐标信息,然后构建相应的点、线、面几何对象,最后通过绘图函数在浏览器中显示。

表现层主要分为浏览器、Flex 插件两大部分。浏览器基于 Flash 播放器为用户呈现可视化界面,主要接收业务逻辑层返回的信息并展示给用户。Flex 插件主要包含界面管理器、地图管理器、控件管理器等组件。界面管理器和控件管理器主要负责地图界面的布局;地图管理器则是地图的容器,主要执行地图的显示、交互、分析等相关操作。

7.1.2 服务器/客户端工作流程

原型系统基于 Web 环境的 B/S(即浏览器/服务器)网络架构搭建,系统分为服务器端子系统和客户端子系统。服务器端子系统包括矢量数据流式组织单元、服务器监听单元和流式传输单元,客户端子系统包括请求数据单元、矢量数据接收和缓存单元以及矢量数据渲染单元(如图 7-2 所示)。

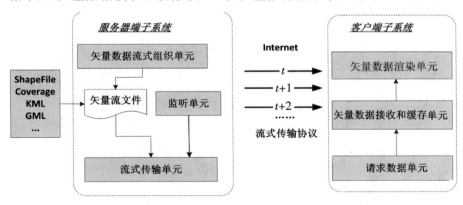

图 7-2 服务器和客户端功能

整个矢量数据网络流式传输的服务器/客户端工作流程可以分为以下几个步骤(如图 7-3 所示)。

① 服务器端将原始的矢量数据文件按照渐进选取策略转换为矢量

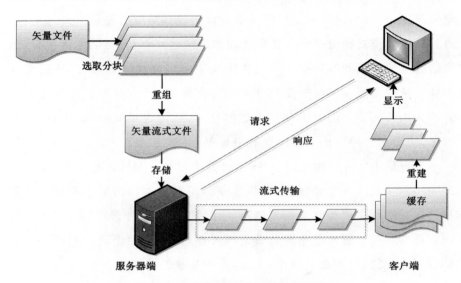

图 7-3 矢量数据流式传输业务流程

流文件,并存储在服务器中;

② 客户端需要显示数据的时候,先查找本地缓存,如果没有需要的数据缓存文件,则向服务器发送传输文件的请求;

③ 服务器端响应客户端请求,并建立网络连接;

④ 服务器端通过 RTP/RTCP 传输协议将客户端请求的矢量流文件分块传输到客户端缓存;

⑤ 客户端一边接收服务器端发送过来的文件块,一边将已经缓存到本地的矢量数据进行处理,并在浏览器端显示;

⑥ 客户端继续读取缓存数据,并通过数据累积渲染方式实现浏览器端的渐进显示,直到数据全部显示完毕或者用户取消操作。

在上面的步骤中,当需要给客户端传输矢量数据时,包含信息量多的要素首先被传输到客户端,数据到达后,通过数据重建过程恢复原始的矢量数据。如果已接收的数据可以满足用户的需求,用户可以随时中止传输;否则,服务器继续向客户端传输更多的细节数据,客户端矢量数据显示的分辨率可以越来越高,从而实现渐进显示。另外,在显示过程中,用户还可以进行任意的放大、缩小、漫游等浏览地图的操作。

7.2 系统实现

以系统总体设计为基础,实现了基于流式传输的矢量数据 Web 可视化原型系统。原型系统功能包括矢量数据流文件的转换、矢量数据的发送和接收、矢量数据 Web 端显示以及地图的基本操作(放大、缩小、漫游等)。

7.2.1 原型系统开发环境配置

为了验证矢量数据流式传输的相关思想、模型和算法,结合原型系统,搭建了相应的实验环境。 开发环境配置如下:

(1) 服务器端环境配置

开发平台:Visual Studio 2010

开发语言:C++、C#

数据库软件:Post GIS 1.5 for Postgre SQL 9.1

硬件:Intel(R)Core(TM)2 Quad CPU Q9550 2.83GHz,内存 8G,硬盘 1T

(2) 客户端环境配置

开发平台:Adobe Flash Builder 4.6

开发语言:MXML 描述语言、ActionScript 程序语言

浏览器:IE11.0、FireFox26.0

Flash 插件:Adobe Flash Player 11 Plugin、Adobe Flash Player 12

硬件:Intel Core i5-3337U(1.8GHz/L3 3M),内存 4G,硬盘 128G

(3) 网络结构

系统采用了三台服务器,其中矢量流文件服务器用来存储转换之后的矢量流文件,数据库服务器用来存储空间数据库中的矢量数据,网络服务器用来实现传输机制。 网络结构如图 7-4 所示:

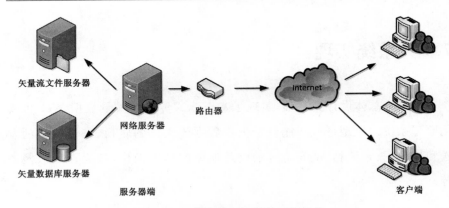

图 7-4   矢量数据流式传输网络结构

7.2.2   矢量流文件的发送和接收

在流式传送过程中,客户端接收到一个完整流节点分块信息 N_i 就可以将其解码,还原为原始矢量数据信息,并同时在客户端显示出来。然后客户端接收下一个流节点分块信息 N_{i+1},直到全部节点传送完毕或者用户终止传送。由于一个节点分块 N_i 的数据量是很小的,因此能够保证用户端在最短的时间内实现响应。

矢量流文件的发送和接收流程如图 7-5 所示:

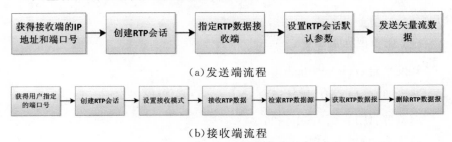

图 7-5   矢量流文件发送和接收流程

系统使用了基于 JRTPLIB 的 RTP 协议的开源库,实现了服务器端到客户端的矢量数据的流式传输过程。JRTPLIB 是一个用 C＋＋语言实现的 RTP 协议的开源库,目前已经可以运行在多种操作系统上。使用这套库文件,可以创建端到端的 RTP 连接,实现数据的实时传输。图 7-6 为 JRTPLIB 中提供的用于实现 RTP 协议的类和它们之间的关系。

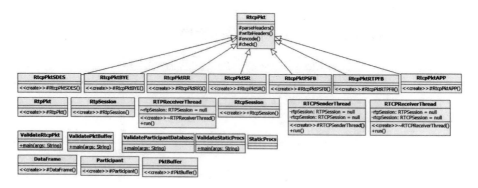

图 7-6 JRTPLIB 中提供的类及其之间的关系

（1）服务器和客户端建立连接

服务器和客户端的连接是通过 JRTPLIB 中 RTPSession 类中的一些参数和方法来实现的。建立连接的步骤如下：

① 构造 RTPSession 类的一个实例，创建一个 RTP 会话。由于矢量数据的封包结构和原始的 RTP 报文结构有所不同，这里重载了 RTPSession 类的构造函数，用于构造矢量数据的 RTP 报文。

② 调用 RTPSession 类中的 Create 方法对会话过程进行初始化。初始化过程需要设置 sessparams 和 transparams 两个参数。sessparams 用来设置传输的时间间隔，时间间隔可以按照客户端接收情况设定。为避免丢包或者拥塞，可将时间间隔设置为 1/10 秒。transparams 用来设置网络层的传输协议，默认使用 UDP/IPv4 网络进行传输。

③ 通过 SetPortbase 方法设置发送端的通信端口。

④ 设置 RTP 会话的时间戳单元。这是 RTP 会话初始化过程中一个比较重要的操作，通过调用 RTPSession 类的 SetTimestampUnit 方法来实现。这里的采样间隔可以根据矢量流文件的解析速度进行设置。

⑤ 设置数据接收端的 IP 地址和端口号。调用 RTPSession 类的 AddDestination、DeleteDestination 和 ClearDestinations 方法来添加、删除和清空接收方。例如，将数据发送到 IP 地址为"192.168.211.24"的 8000 端口：

unsigned long addr = ntohl(inet_addr("192.168.211.24"));// 转换 IP 地址串的格式

rtpsess. AddDestination(addr,8000);// 设置接收端的 IP 地址和端口号

此时一个 RTP 会话过程建立成功。图 7-7 为经过 RTP 的参数配置后，服务器和客户端之间建立了 RTP 连接。

图 7-7　服务器和客户端之间建立连接

（2）服务器根据客户端请求发送矢量流数据

接收端的目标地址指定之后，服务器就可以向所有的目标地址发送矢量数据流。发送 RTP 数据流的步骤如下：

① 设置发送方法的默认参数。对于同一个 RTP 会话来讲，负载类型、标识和时间戳的增量通常来讲都是相同的，因此 JRTPLIB 将它们设置为会话的默认参数，从而简化数据的发送。此时，负载类型均为二进制的数据类型。

② 封装数据包。发送数据之前，需要根据矢量数据组织格式按照 RTP 协议封装成 RTP 数据包。除了加入①中的默认参数外，还要加入帮助矢量数据在客户端进行重构的分组信息。

③ 通过重载 RTPSession 类的 SendPacket 方法发送数据。

rtpsess. SendPacket(buffer, buffersize)；/* buffer 为要发送的数据，即有效载荷；buffersize 为载荷的长度 */。

图 7-8 为服务器根据客户端请求发送矢量流数据的过程。

（3）客户端数据的接收

服务器向所有的目标地址发送矢量数据流时，客户端通过轮询不断地从服务器端接收数据，直到数据发送完毕或者客户端提前结束 RTP 会

图 7-8　服务器向客户端发送数据

话。客户端接收数据的步骤如下：

① 调用 RTPSession 类中的 PollData 方法接收 RTP 数据包。

② 在 BeginDataAccess 和 EndDataAccess 之间一直循环等待并处理发送端发送过来的 RTP 或者 RTCP 数据包。

③ 接收端从 RTP 会话中检测出有效的数据源之后，通过重载 RTPSession 类的 GetNextPacket 方法从中抽取出 RTP 数据包的载荷部分，即矢量数据。

④ 将获取到的矢量数据解析出每个分块的 Tag ID 和 Tag Size，按照 ID 号将每个分块顺序存储为缓存文件。每个缓存文件的大小即为 Tag Size。

⑤ RTP 数据包处理完之后，使用 DeletePacket 将数据包及时释放。

7.2.3　客户端缓存和渐进显示

（1）客户端缓存

对于矢量数据的流式传输而言，服务器需要将普通的矢量数据文件转换为适合流式传输的独立分块的矢量流结构，然后采用渐进下载的方式将先下载的一部分矢量数据缓存到客户端。所以，需要在客户端建立相应的缓冲区，以便存储矢量数据，然后进行重建。对矢量流文件进行解析的时候，首先确定要素类型，然后根据分块的个数确定文件中包含 Tag

的个数。通过读取每个 Tag 的大小信息取出 Tag Data 部分，再按照几何要素的存储结构获取矢量数据的几何坐标信息，从而进行显示。

显然，缓冲区的大小对矢量数据的显示有着重要的影响。缓冲区较大时，一次性显示的矢量图形较多，给用户的视觉感较强，但是时延也会增加，造成响应缓慢；缓冲区较小时，能够在很快的时间显示出矢量图形，减少了时延，但是能够看到的矢量图形较少，造成信息量缺失。另外，在进行地图放大、缩小、漫游等操作的时候，要能够迅速进行定位。

（2）矢量数据 Web 渐进显示

矢量流数据通过网络传输到客户端之后首先缓存到本地磁盘，缓存文件按照发送时确定的大小存储在缓冲区中。客户端在进行图形绘制的时候首先从缓冲区读取缓存文件，按照文件内容进行解析读出其坐标数据，然后构建相应的点、线、面几何对象，最后在浏览器中显示图形。如果缓冲区中没有要显示的图形数据则等待，直到数据传输完毕为止。在重绘过程中，需要将拆包后的数据还原为矢量数据，可根据矢量流文件头部信息解析出要素类型。然后采用累积增加的方式渲染几何图形，即在前一部分图形已经绘制完成的基础上，只更新绘制后续传输过来的数据，达到渐进显示的目的。

原型系统采用了一个开源的 Adobe Flex 的地图框架 OpenScales 实现矢量数据 Web 客户端的重建和渲染。OpenScales 是基于 ActionScript3 和 Flex 的优秀的开源前台地图框架（OpenScales 网站，2012），可以方便地建立富互联网地图应用程序。OpenScales 还提供了强大的矢量数据绘制、及时编辑和样式设置的功能，支持的矢量数据格式有点、线、面、多点、多线、多面等。

OpenScales 的体系结构如图 7-9 所示。

OpenScales 将各种 GIS 上的类，如 Map 类、Layer 类、Bounds 类、Control 类以及 Handler 类都重新封装了一下，封装后的类继承自 Group 类或者 UIComponent 类，然后将封装前的类作为它们的属性。OpenScales 在应用下加入 FxMap 类，FxMap 类继承自 Group 类，然后将封装后的 Layer、Extent、Control 以及 Handler 均以 Child 的形式加入到

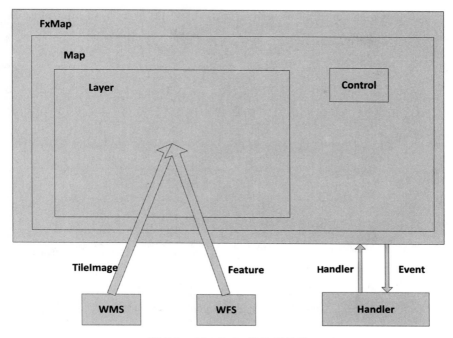

图 7-9　OpenScales 的体系结构

Fxmap 中,这样能够方便构建地图要素中的所有对象。

OpenScales 提供了基本的几何对象类型,支持点、线、面、多点、多线、多面等矢量对象的绘制,并提供了相应的样式库(Feature)。OpenScales 的 Geometry 基类是对一个地理对象的描述,一般的地理对象都会继承于它。图 7-10 为 OpenScales 提供的几何对象和它们之间的继承关系。

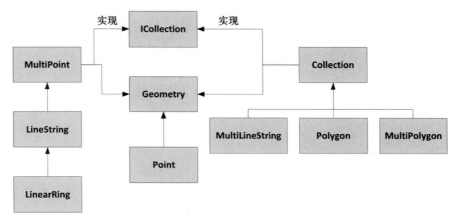

图 7-10　OpenScales 提供的几何对象及其继承关系

其中 ICollection 提供了一组不同的几何图形集合的接口，Collection 类是它的实现。Geometry 是一个几何地理对象的描述的基类，在此基础上定义了点、线、面等结构类型。

OpenScales 的 Feature 类是各种要素样式的基类，是一个地理图像元素，可以用来设置不同矢量对象的样式。图 7-11 为 OpenScales 提供的各种要素样式。

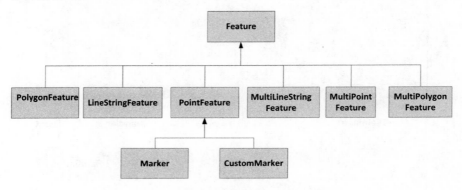

图 7-11 OpenScales 的各种 Feature 类

Feature 类是所有其他要素特征的基类，它定义了一般的要素样式格式，其他类可以继承于它。

矢量数据的渲染是在 OpenScales 的 Map 上完成的，绘制时通过在 Layer 上创建一个个不同几何要素的 Feature 来完成矢量数据的显示。绘制过程如下：

① 初始化 Map，然后加入到 Fxmap 里；

② 遍历 Fxmap 的 Child，如果 Child 的类型是 Fxmaxextent，则将 Fxmaxextent 的 Bounds 属性赋给 Map 的 Maxextent 属性；

③ 再次遍历 Fxmap 的 Child，根据 Child 的类型分别加入 Layer 或者 Control；

④ 如果在 Fxmap 中加了两个图层，第二个图层需要执行 Map.Moveto()方法才能显示出来；

⑤ 用 Geometry 类中的各种实例对矢量数据进行解析，把每个几何要素的 Feature 都存储起来，并且以 Child 的形式加到 Featurelayer 中；

⑥ 对每个几何要素 Feature 调用 Draw 方法显示出来。

矢量数据在客户端的绘制过程如图 7-12 所示：

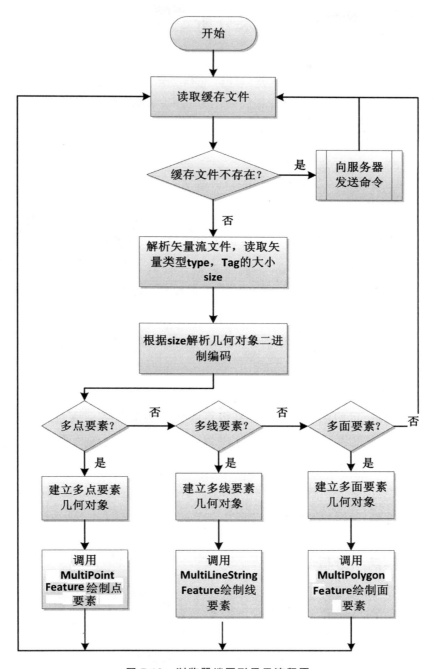

图 7-12 浏览器端图形显示流程图

7.3　实验数据与结果分析

为了验证矢量数据流式渐进传输方式的有效性,本节通过与 WFS 服务的对比以及传输过程中信息量变化的分析,从响应时间、信息量的传输率等方面说明流式渐进传输的优势。

7.3.1　实验数据

实验数据为 1∶100 万中国基础地理数据库(数据来源:国家科技基础条件平台——地球系统科学数据共享平台),包括三类数据集:一是"中国1∶100 万县级行政区"数据集,该数据集为面状要素,包含 4459 个多边形,数据量为 33.5MB;二是"中国 1∶100 万等高线"数据集,该数据集为线状要素,包含 96786 个线要素,数据量为 72.42MB;三是"中国1∶100万居民点"数据集,该数据集为点状要素,包含 35602 个点,数据量为1.01MB。

所选用的数据集包含了点、线、面三种要素信息,且范围和比例尺均相同,具有一定的代表性。其中县级行政区和等高线数据集包含要素个数较多,且结构较为复杂。如果在浏览器端一次性显示则等待的时间过长,甚至造成浏览器崩溃,所以必须采取渐进可视的方法。点状要素虽然文件较小,但是要素数量过多,一次性显示势必会造成点的堆积覆盖,可视效果较差,所以也宜采用渐进显示方式。

7.3.2　结果分析

(1)流式传输效率与 WFS 传输效率

为了和 WFS 进行传输效率的对比,先在 GeoServer 中将实验数据发布为地图服务,然后在 OpenScales 中对发布的服务进行调用,在浏览器端显示。相应的,利用流式传输的方式,在浏览器端加载同样的数据。实验用数据传输量、响应时间、传输时间三个指标比较了两者的效率,实验结果如表 7-1,统计图如图 7-13 所示。

表 7-1　WFS 与流式传输效率对比

对比指标 矢量数据	数据传输量(MB)		传输时间(秒)		响应时间(秒)	
	WFS	流式传输	WFS	流式传输	WFS	流式传输
中国 1:100 万居民点	3.84	0.557	2.21	0.89	2.32	1.02
中国 1:100 万等高线	143.52	66.31	101.56	60.41	>120	1.37
中国 1:100 万县级行政区	65.18	33.35	50.72	29.64	>70	2.41

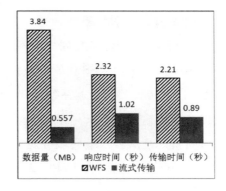

（a）中国 1:100 万居民点数据

集传输效率对比

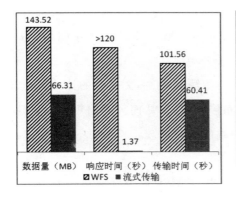

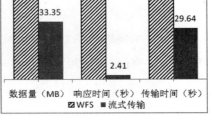

（b）中国 1:100 万等高线数据　　　　（c）中国 1:100 万县级行政区数据

　　集传输效率对比　　　　　　　　　　集传输效率对比

图 7-13　WFS 与流式传输效率对比

　　表 7-1 中的数据传输量指的是客户端向服务器端发出请求后,客户端接收到全部数据计算出的数据字节的大小。一般来说,服务器端会按照一定的规范格式返回数据给客户端,如 WFS 以 GML 的格式返回,流式传输以本文提出的矢量流数据格式返回。可以看出,由于 WFS 返回的数据是以 GML 描述的文本格式,添加了大量的描述符和标志信息,并且以文本格式存储,因此数据量要明显大于矢量流的二进制格式。基于流式分块组织的矢量数据结构减少了这些冗余描述信息,采用二进制的格式存储几何要素的坐标信息,能够降低约 51.3% 的数据传输量,有效地减少了传输时间。

　　表 7-1 中的传输时间指的是从服务器接收客户端的请求,到将请求的数据全部发送到客户端所消耗的时间,在同样的网络带宽条件下,与传输的数据量成正比。可以看出,由于 WFS 传输的数据量大于流式传输的数据量,其传输时间也较流式传输要长。本系统比 WFS 在传输时间上减少了 40% 以上,大大提高了传输效率。

　　表 7-1 中的响应时间指的是从客户端向服务器端发送请求到客户端浏览器首次开始渲染数据所经历的时间。WFS 模式是要等全部数据传输完毕后一次性全部显示,而流式传输模式只要接收到第一个矢量分组数据之后就可以渲染。因此,在数据量较大的情况下,流式传输模式的响应时间要远小于 WFS 模式下的响应时间,一般来说能够在 5 秒之内开始显示矢量要素;而 WFS 模式必须要等到全部数据传输完毕才能显示,因此响应时间远远大于流式传输,甚至失去响应。

　　由此可见,对于大规模矢量数据的传输,基于本文提出的流式渐进传输方式和技术能够减少数据传输量和传输时间,从而大大缩短了 WebGIS 系统的响应时间,有效地改善了客户端的用户体验。

　　(2)空间对象传输信息量

　　将要传输的空间对象分为 N 个分组,传输过程中每次传输并显示一个分组。为了对每次传输的对象信息量进行定量的度量,需要计算空间对象的信息熵。根据 4.2 节对地物要素信息量度量的方法,通过定义三个度量公式,从几何大小和空间分布信息量(由于点要素没有几何信息量,所以只计算它的空间分布信息量)来分析渐进传输中空间对象信息的传递状况。

① 已传输信息量

已传输信息量指的是当传输到第 k 个分组时,所有已传输分组的信息总量,记为 H_{trans}^k。已传输的信息量从整体层次描述了要素信息的传递状况。

设已传输的分组为 G,G 中包含的要素对象个数为 m,A_i 是第 i 种符号在空间上的面积(长度)或空间,则将 G 含有的信息量称为传输到第 k 个分组时的信息量,记为 H_{trans}^k,则已传输信息量的计算公式为:

$$H_{\text{trans}}^k(G) = -\sum_{i=1}^m P_i \log P_i, \quad P_i = \frac{A_i}{A}, \quad A = A_1 + A_2 + \cdots + A_m \quad (7\text{-}1)$$

② 第 k 次传输的信息量

设第 k 次传输的分组为 G_k,则将 G_k 中包含的信息量称为第 k 次传输的信息量。它是从局部层次来描述要素信息的传递状况,描述的是已进行的最近一次传输操作中传输的信息量。

设第 k 次传输的信息量为 H_k,已传输的信息量为 H_{trans}^{k-1},传输到第 k 个分组时的信息量为 H_{trans}^k,则第 k 次传输的分组的信息量的计算公式为:

$$H_k = H_{\text{trans}}^k - H_{\text{trans}}^{k-1} \quad (7\text{-}2)$$

③ 信息量传输率

信息量传输率指的是已经传输的信息量占传输完毕后信息总量的比值,它描述的是所有已传输分组所含有信息量的相对指标,也是描述信息传递状况最重要的指标。其中,由于空间对象被剖分成 N 个分组,所以信息量的传输率可以表示为:

$$H_{\text{total}} = H_{\text{trans}}^N \quad (7\text{-}3)$$

$$R_{\text{trans}} = \frac{H_{\text{trans}}^k}{H_{\text{total}}} \times 100\%, \quad k = 1, 2, 3, \cdots, N \quad (7\text{-}4)$$

表 7-2 至 7-4 描述了三组实验数据传输过程中的信息量的变化情况。

表 7-2　中国 1∶100 万居民点数据集传输信息量描述

分组	累积传输 要素个数	响应时间 （s）	单次空间分布 信息量（bit）	空间分布信息量 传输率（%）
1	3201	1	3.62	66.3
2	6402	1.5	1.037	85.29
3	9603	2	0.344	91.59
4	12804	2.5	0.125	93.88
5	16005	3	0.101	95.73
6	19206	3.5	0.086	97.31
7	22407	4	0.061	98.42
8	25608	4.5	0.038	99.12
9	28809	5	0.023	99.54
10	32010	5.5	0.016	99.84
11	35211	6	0.008	99.98
12	35602	6	0.005	100

注：空间分布总信息量为 5.464。

表 7-3　中国 1∶100 万等高线数据集传输信息量描述

分组	累积传输 要素个数	响应时间 （s）	单次几何信 息量（bit）	几何信息传 输率（%）	单次空间分布 信息量（bit）	空间分布信息量 传输率（%）
1	345	1	1.23	19.8	1.39	30.4
2	732	2	1.16	38.4	1.16	55.8
3	1136	3	1.12	56.3	1.04	78.5
4	1553	4	0.83	69.5	0.51	89.6
5	2029	5	0.58	78.7	0.31	96.4
10	4135	8	0.37	84.6	0.05	97.6
15	8568	12	0.26	88.7	0.03	98.2
20	13509	25	0.24	92.5	0.02	98.6
30	26685	40	0.31	98.4	0.03	99.2
51	96786	70	0.16	100	0.04	100

注：其中几何总信息量为 6.26,空间分布总信息量为 4.58。

表 7-4　中国 1:100 万行政区数据集传输信息量描述

分组	累积传输要素个数	响应时间（s）	单次几何信息量（bit）	几何信息传输率（%）	单次空间分布信息量（bit）	空间分布信息量传输率（%）
1	21	2	1.29	26.4	2.28	56.3
2	65	2.5	0.77	42.3	0.72	74.2
3	119	3	0.75	57.6	0.41	84.3
4	171	4	0.57	69.4	0.19	89.1
5	228	5	0.31	75.8	0.13	92.2
10	582	9	0.4	84.1	0.09	94.5
15	1054	17	0.33	90.9	0.03	95.2
20	1564	25	0.19	94.7	0.06	96.8
25	2097	37	0.15	97.8	0.06	98.4
33	4459	50	0.11	100	0.06	100

注：其中几何总信息量为 4.87，空间分布总信息量为 4.03。

　　从传输过程中信息量的变化可以看出，当用户接收分组个数为总数的 25% 左右时，信息量传输率达到了总信息量的 80%，时间耗费也基本保持在 10 秒以内。而此时空间对象传输的个数还未到总体的 1/10，但已经基本完成信息量的传递。后续传输的空间对象仅包含较少量的残余信息，大多数用户可以在此时终止传输，这样可以减少传输过程中的等待时间。矢量数据渐进显示结果如图 7-14、7-15、7-16 所示。

（a）显示第一个分组

（b）累积显示了两个分组

（c）累积显示了三个分组

（d）所有分组全部显示完毕

图 7-14 浏览器端居民点渐进显示过程

（a）显示第一个分组

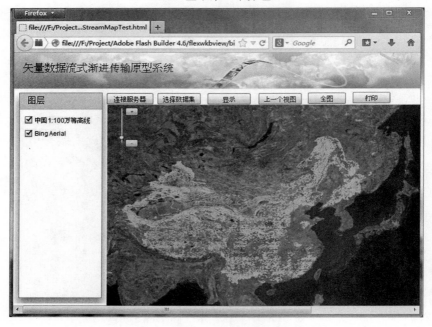

（b）累积显示了三个分组

（c）累积显示了五个分组

（d）所有分组全部显示完毕

图 7-15　浏览器端等高线渐进显示过程

（a）显示第一个分组

（b）累积显示了五个分组

（c）累积显示了十个分组

（d）所有分组全部显示完毕

图 7-16 浏览器端县级行政区渐进显示过程

　　从用户视觉感知效果来看,图 7-14 至 7-16 表示接收不同数目分组时的地图显示情况。从整体构图的变化可知,根据几何大小因子和空间分布因子得到的地物要素选取策略,能反映传输要素的整体信息特征,符合视觉上从整体到局部的认知规律。先传输的矢量要素体现了整体特征,对构图产生较大的影响,能够造成较大的视觉感知,因而获得的信息量较大;接下来传输的对象,对地图变化的影响越来越小,只是作为细节不断补充,视觉感知到的差异也逐渐变小,因而获得的信息量也少。

　　由此可见,在矢量数据渐进传输过程中,本文所采用的要素选取策略以及传输机制能够有效地提高系统响应速度,符合用户认知的视觉感知效果。

7.4　本章小结

　　本章结合矢量数据流式传输的技术体系,构建了一个面向 Web 可视的矢量数据流式传输原型系统,介绍了系统的总体架构和工作流程。客户端的显示使用了基于 OpenScales 提供的绘图框架,通过对客户端矢量流数据的解析、重构、渲染实现矢量数据的浏览器端可视化。传输环节基于 JRTPLIB 的 RTP 协议的开源库,实现了服务器端到客户端的矢量数据的流式传输。使用 1:100 万中国基础地理数据,从数据传输量、信息量传输率、响应时间以及客户端显示效果等方面进行了验证。结果表明,当传输的要素数目为总数的 10% 左右时,信息量传输率达到了总信息量的80%,此时用户已经获取了大部分信息,可以终止传输。而在传输时间和响应时间上,本系统比 WFS 在传输时间上减少了 40% 以上,并且客户端的响应时间维持在 5 秒之内。而 WFS 在遇到大规模的矢量数据时,基本上失去响应。实验证明,基于流式传输的矢量数据 Web 可视化系统能够有效地提高网络传输效率和系统响应速度,改善了用户体验。

8 总结与展望

本文对大规模矢量数据在网络传输中存在的问题进行了剖析，提出了一种基于流式传输协议的矢量数据传输机制，并通过实现矢量数据的渐进选取策略、构造矢量流式文件结构，以及结合 RTP/RTCP 实现流式传输过程，最后在客户端进行可视化显示。本章首先对全书进行总结，指出主要工作和创新点，最后为下一步的研究工作做出展望。

8.1 主要研究工作及其结论

本文针对 WebGIS 矢量数据的传输问题，探讨大规模矢量数据组织模式、网络传输机制及相关的技术实现方法。为满足大规模矢量数据传输的效率和质量要求，借鉴流媒体传输机制，根据矢量数据要素重要性进行选取，通过几何对象包含信息量的不同层次，对矢量数据分批次进行渐进传输。实验证明，本研究提出的传输方式能够缩短用户响应时间，提高系统效率，达到了大规模矢量数据在线实时处理的目的。本书的主要研究工作及其结论包括以下几个方面：

（1）通过对传统 WebGIS 实现模式和架构的分析，从应用的角度指出了目前地图服务过程中存在矢量数据网络传输速度慢、矢量数据更新困难、在线显示不够及时等诸多问题。在此基础上设计了基于流式渐进传输的矢量地图数据服务框架。从决定传输内容先后顺序的空间要素选择策略，适应渐进传输的数据组织方式和机制、矢量数据传输到达 Web 客户端后的缓存和重建三个环节系统分析了框架中的关键科学问题。接着，结合地图认知理论和地理信息量度量方法，从图层级、要素级和几何特征级对矢量数据进行了层次划分，分析了矢量数据渐进可视中的选取策略机制；通过对流媒体协议的分析，阐述了将其移植到矢量数据的网络渐进传输环节的可行性，说明了需要差错控制机制保证矢量数据的传输质量；并进一步建议，当矢量数据传输到客户端后，可建立与客户端渲染结构相同的矢量对象格式，从而提高 Web 客户端渲染的速度。

（2）基于信息论中信息熵的概念，对矢量地图中地物要素的信息量进行了定量分析。在此基础上，构建了几何大小、空间分布、专题属性信息量因子模型，并设计了点状要素、线状要素以及面状要素的选取算法。其中点状要素由于不具备几何大小信息，因此主要考虑空间分布因子。点要素的空间分布基于格网划分的方法，通过选取不同格网中的点，达到均匀分布的目的，从而使得地图信息量最大化。线状要素和面状要素则需要综合考虑几何大小和空间分布两个因子。通过计算线、面要素的包围盒的面积来代替本身的长度或面积，这样能够降低计算复杂度，提高算法效率。空间分布仍然基于格网划分，通过选取不同格网中几何面积最大的要素，达到包含信息量最大的目的。实验证明，该算法能够在满足信息获取最大化的前提下对要素进行选取，从而保证信息量大的数据内容先到达客户端。

（3）针对流式传输过程中的分包机制，设计了支持点、线、面等基本几何要素的独立分块存储结构。这种专有结构可以满足每个分块作为独立的单元单独传输并在客户端处理，整个过程不依赖其他分块单元，这是实现网络环境下矢量数据"边传输，边处理"的关键。借鉴流媒体文件格式，设计了一种矢量流式文件格式（VSF）。这种格式的矢量文件体积轻巧、封装简单，很适合在网络上进行传输和应用。VSF 文件存储为二进制字节流格式，包括文件头和文件体两部分。文件头描述了 VSF 文件的总体信息，包含要素类型。文件体为一个个矢量要素分块，并支持要素信息量的选取和不同要素类型的融合存储。在此基础上，设计了矢量数据转换器，实现了将常用的 Shapfile 文件转换为矢量流文件的算法。实验证明，转换之后的文件体积较小，更加有利于网络传输和处理。

（4）引入应用于流媒体的实时传输协议（RTP/RTCP），研究了针对 RTP/RTCP 协议特点的矢量数据网络传输机制。针对 RTP/RTCP 协议的格式,设计了矢量数据 RTP 数据包的封包和解包算法,实现了矢量数据的发送和接收,达到了多次往复传输的目标。由于传输层采用了高效的 UDP 协议,而 UDP 本身不具有流量控制、丢包重传机制,因此通过实现基于 CRC 校验码的差错控制和技术,来判断到达的数据包是否正确,从而保证渐进传输过程中的传输服务质量。

(5)结合矢量数据流式传输的技术体系,搭建了一个面向 Web 可视的矢量数据流式传输原型系统。原型系统基于 Web 环境的 B/S(即浏览器/服务器)网络架构,客户端的显示使用了 OpenScales 提供的地图绘图框架,通过对客户端矢量数据缓存的解析、重构、渲染实现矢量数据的浏览器端可视化。传输环节基于 RTPLIB 的 RTP 协议的开源库,实现了服务器端到客户端的矢量数据的流式传输。在此基础上,结合"中国1:100万地理数据",从数据传输量、信息量传输率、响应时间以及客户端显示效果等方面进行了实验分析。结果表明,按照选取模型顺序传输矢量要素时,当传输的几何对象数量为总数的 10% 左右时,信息量传输率基本上达到了总信息量的 80%。在传输效率上,基于流式分块组织的数据结构能够降低约 51.3% 的数据传输量,传输时间比 WFS(网络要素服务)减少了 40% 以上。在响应时间上,WFS 需要数据传输完毕一次性显示,而流式传输只需接收到第一个矢量分组数据就可以显示,因此在数据量较大的情况下,本系统的响应时间在 5 秒之内,而 WFS 基本上失去响应。进而证明本研究所提出的面向 Web 可视化的矢量数据流式渐进传输机制,能够有效地提高传输效率和响应速度,符合用户的视觉感知效果。

针对矢量数据流式渐进传输这一问题,本研究取得了多项研究进展:设计的基于实时传输协议的矢量数据流式渐进传输框架开拓了网络矢量地图服务的思路和模式;构建的地物要素选取模型和算法提供了空间对象重要性判别的依据;提出的适应流式传输的数据组织模式丰富了矢量数据的存储机制;设计的基于实时传输协议的 RTP 组包解包算法、差错控制与恢复方法,保障了矢量数据的网络传输质量。本研究构建的矢量数据流式传输机制能够满足大规模矢量地图数据 Web 在线处理应用的需求,对促进网络地理信息技术的现实应用具有重要意义。

8.2　主要创新点

本文主要有以下几个方面的创新：

（1）从矢量数据渐进传输的整个过程出发，针对服务器端数据处理环节、网络传输层环节及客户端数据缓存与重建环节，提出了一套矢量数据流式传输结构体系，并将流式传输的思想引入到地理学研究中，为现有的空间数据网络传输注入了新的思想。

（2）设计了适用于流式传输的独立分块存储结构的矢量流文件，并实现了矢量数据格式转换器功能。转换之后的矢量流文件具有要素重要程度信息，能够适应流式传输过程，满足大规模矢量数据"边传输，边处理"的应用目的。

（3）将带有状态信息的流媒体实时传输协议移植到了矢量数据的网络渐进传输环节，在传输过程中通过差错控制保障传输质量，更好地支撑矢量数据流式渐进传输在网络传输的应用。

8.3　进一步研究展望

本文通过研究面向 Web 可视的矢量数据传输过程中存在的主要问题，提出了矢量数据流式传输的框架体系和技术方法，构建了矢量数据渐进选取模型，设计了适应流式传输的矢量数据流式文件结构，基于 RTP/RTCP 协议实现了矢量数据的网络流式传输。进一步的研究工作主要包括：

（1）目前实现的流式渐进传输主要是在要素级别上根据空间对象的重要性构建的选取模型，对要素不同比例尺的组织方式未做进一步的研究。实际上，在流媒体传输中，在播放过程中可以对视频、音频的不同播放质量进行转换。因此，研究矢量数据的多级组织，实现不同比例尺之间的切换、平滑过渡并保证数据的同步性是接下来需要重点研究的工作。

（2）目前空间对象的传输过程只涉及单一类型的要素，实际上本文设计的矢量数据流式组织方式同样也支持点、线、面要素的综合存储。下一步的工作将针对专题图中图层之间的重要程度、叠加关系进行分析，通过建立点、线、面之间的同步传输，在客户端实现专题图的渐进显示。

（3）进一步选取更多的不同类型和专题的实验数据验证系统功能，通过实验不断改进和优化选取策略、传输算法和客户端处理程序。在此基础上，形成一套矢量数据流式传输的标准规范，面向实际应用提供服务。

图 索 引

表 索 引

缩　略　语

CRC：Cyclic Redundancy Check　　　　　循环冗余校验码

FLV：Flash Video　　　　　　　　　　视频文件格式

GIS：Geographic Information System　　地理信息系统

GML：Geography Markup Language　　　地理标记语言

HAS：HTTP Adaptive Streaming　　　　自适应 HTTP 流媒体

LOD：Levels of Detail　　　　　　　　多细节层次结构

OGC：Open GIS Consortium　　　　　　开放地理信息协会

QoS：Quality of Service　　　　　　　服务质量

RIA：Rich Internet Applications　　　　富客户端技术

RSVP：Resource Reservation Protocol　　资源预留协议

RTCP：Real-time Transport Control Protocol　实时传输控制协议

RTMP：Real Time Messaging Protocol　　实时消息协议

RTP：Real-time Transport Protocol　　　实时传输协议

RTSP：Real Time Streaming Protocol　　实时流协议

SFS：Simple Features Interface Standard　简单要素标准

SVG：Scalable Vector Graphics　　　　可伸缩矢量图形

TCP：Transmission Control Protocol　　传输控制协议

UDP：User Datagram Protocol　　　　用户数据报协议

VSF：Vector Stream File　　　　　　　矢量流文件

WCS：Web Coverage Service　　　　　网络覆盖服务

WFS：Web Feature Service　　　　　　网络要素服务

WKB：Well-Known Binary　　　　　　二进制格式编码规范

WKT：Well-Known Text　　　　　　　文本格式编码规范

WMS：Web Map Service　　　　　　　网络地图服务

WPS：Web Processing Service　　　　网络处理服务

XML：eXtensible Markup Language　　可扩展标记语言

参 考 文 献

［1］Ai T，Li Z，Liu Y. Progressive transmission of vector data based on changes accumulation model［J］. Developments in Spatial Data Handling，2005：85－96.

［2］Antoniou V，Morley J，Haklay M. Tiled Vectors：a method for vector transmission over the Web ［J］. Web and Wireless Geographical Information Systems，2009：56－71.

［3］Aurenhammer F. Voronoi diagrams-a survey of a fundamental geometric data structure［J］. ACM Computing Surveys（CSUR），1991(3)：345－405.

［4］Ballard D H. Strip trees：A hierarchical representation for curves ［J］. ACM Communications. 1981(5)：310－321.

［5］Bertolotto M，Egenhofer M J. Progressive transmission of vector map data over the world wide web［J］. GeoInformatica，2001(4)：345－373.

［6］Bertolotto M，Egenhofer M J. Progressive vector transmission ［C］//Proceedings of the 7th ACM international symposium on Advances in geographic information systems. ACM，1999：152－157.

［7］Boulos M N K，Warren J，Gong J，et al. Web GIS in practice VIII：HTML5 and the canvas element for interactive online mapping［J］. International journal of health geographics，2010 (1)：14.

［8］Buttenfield B. Transmitting vector geospatial data across the

Internet[J]. Geographic Information Science，2002：51－64.

[9] Cecconi A，Weibel R. Map generalization for on-demand web mapping[J]. Proceedings of the GIScience 2000，2000.

[10] Corcoran P，Mooney P，Bertolotto M，et al. View-and scale-based progressive transmission of vector data[J]. Computational Science and Its Applications-ICCSA 2011，2011a：51－62.

[11] Corcoran P，Mooney P. Topologically consistent selective progressive transmission[J]. Advancing Geoinformation Science for a Changing World，2011c：519－538.

[12] Crampton J W. Cartography：maps 2.0[J]. Progress in Human Geography，2009(1)：91－100.

[13] Doihara T，Wang P，Lu W. An adaptive lattice model and its application to map simplification[J]. International Archives of Photogrammetry and Remote Sensing and Spatial Information Sciences，2002(4)：259－262.

[14] Douglas D H，Peuker T K. Algorithms for the reduction of the number of points required to represent a line or its caricature[J]. The Cannadian Cartographer，1973(2)：112－122.

[15] Dutton G. Scale，sinuosity，and point selection in digital line generalization [J]. Cartography and Geographic Information Science，1999(1)：33－54.

[16] Egenhofer M J，Franzosa R D. Point-set topological spatial relations[J]. International Journal of Geographical Information System，1991(2)：161－174.

[17] Eric A. Hall. Internet 核心协议权威指南[M]. 张金辉，译. 北京：中国电力出版社，2002.

[18] Fujino T. SVG＋Ajax＋R：a new framework for WebGIS[J]. Computational Statistics，2007(4)：511－520.

[19] Goodchild M F，Egenhofer M J，Kemp K K，et al. Introduction

to the Varenius project[J]. International Journal of Geographical Information Science, 1999(8): 731—745.

[20] Gu Y, Grossman R L. UDT: UDP-based data transfer for high-speed wide area networks[J]. Computer Networks, 2007(7): 1777—1799.

[21] Guo Q S, Brandenberger C, Hurni L. A progressive line simplification algorithm[J]. Geo-Spatial Information Science, 2002(3): 41—45.

[22] Han H, Tao V, Wu H. Progressive vector data transmission [C]//Proceedings of the 6th AGILE. 2003: 103—113.

[23] Haunert J H, Dilo A, van Oosterom P. Constrained set-up of the tGAP structure for progressive vector data transfer [J]. Computers & Geosciences, 2009(11): 2191—2203.

[24] Horton R E. Erosional development of streams and their drainage basins; hydro physical approach to quantitative morphology[J]. GSA Bulletin, 1945(3): 275—370.

[25] Jones C B, Abraham I M. Line generalisation in a global cartographic database [J]. Cartographica: The International Journal for Geographic Information and Geovisualization, 1987 (3): 32—45.

[26] Kolesnikov A. Vector maps compression for progressive transmission [C]//Digital Information Management, 2007. ICDIM'07. 2nd International Conference on. IEEE, 2007(1): 81—86.

[27] Li G, Li G. Implementation of map retrieval for technology business incubator management system [C]//Multimedia Technology (ICMT), 2011 International Conference on. IEEE, 2011: 375—379.

[28] Li Y, Zhong E. A new vector data compression approach for

WebGIS[J]. Geo-Spatial Information Science，2011（1）：48—53.

[29] Li Z L，Openshaw S. Linear feature's self-adapted generalization algorithm based on impersonality generalize natural law［J］. Translation of Wuhan Technical University of Surveying and Mapping，1994（1）：49—58.

[30] Li Z，Huang P. Quantitative measures for spatial information of maps［J］. International Journal of Geographical Information Science，2002（7）：699—709.

[31] Miller C C. A beast in the field：The Google Maps mashup as GIS/2［J］. Cartographica：The International Journal for Geographic Information and Geovisualization，2006（3）：187—199.

[32] Neumann J. The topological information content of a map/an attempt at a rehabilitation of information theory in cartography［J］. Cartographica：The International Journal for Geographic Information and Geovisualization，1994（1）：26—34.

[33] Ramos J A S，Esperanca，Clua E W G. A progressive vector map browser for the web［J］. Journal of the Brazilian Computer Society，2009（2）：35—48.

[34] Richardson，D E. Automatic Spatial and Thematic Generalization Using a Context Transformation Model［D］. Wageningen Agricultural University，1993.

[35] RTMP Specification 1.0. Adobe Systems Incorporated［S］，2003—2009.

[36] Saux E. B-spline functions and wavelets for cartographic line generalization［J］. Cartography and Geographic Information Science，2003（1）：33—50.

[37] Shekhar S，Vatsavai R R，Sahay N，et al. WMS and GML based

interoperable web mapping system［C］//Proceedings of the 9th ACM international symposium on Advances in geographic information systems. ACM，2001：106－111.

［38］Sukhov V I. Information capacity of a map entropy［J］. Geodesy and Aerophotography，1967(4)：212－215.

［39］Van Oosterom P. A storage structure for a multi-scale database：The reactive-tree［J］. Computers，environment and urban systems，1992(3)：239－247.

［40］Van Oosterom P. Variable-scale topological data structures suitable for progressive data transfer：the GAP-face tree and GAP-edge forest［J］. Cartography and Geographic Information Science，2005(4)：331－346.

［41］Van Oosterom Peter. Reactive data structures for geographic information systems［D］. Leiden University，1990.

［42］Visvalingam M，Whyatt J D. Line generalization by repeated elimination of points［J］. Cartographic Journal，2003(1)：46－51.

［43］Wang P，Doihara T，Lu W. Spatial generalization：An adaptive lattice model based on spatial resolution［J］. International Archives of Photogrammetry and Remote Sensing and Spatial Information Sciences，2002(4)：255－258.

［44］Wang Y H，Zhu C Q. The vector relief data compression based on the multi-band wavelet［J］. Wuhan Technical University of Surveying and Mapping，2003(3)：66－68.

［45］Wang Z，Muller J C. Line generation based on analysis of shape characteristics［J］. Cartography and Geographic Information Science，1998(1)：3－15.

［46］Yang B S，Purves R，Weibel R. Efficient transmission of vector data over the Internet［J］. International Journal of Geographical

Information Science，2007(2)：215—237.

[47] Yang B S. A multi-resolution model of vector map data for rapid transmission over the Internet[J]. Computers & Geosciences，2005(5)：569—578.

[48] Yang J，Zhang X，Fan Y，et al. Progressive transmission of vector data in a distributed agricultural information system[J]. New Zealand Journal of Agricultural Research，2007(5)：1323—1330.

[49] Zhang L，Zhang L，Ren Y，et al. Transmission and visualization of large geographical maps [J]. ISPRS Journal of Photogrammetry and Remote Sensing，2011(1)：73—80.

[50] 艾波，艾廷华，唐新明. 矢量河网数据的渐进式传输[J]. 武汉大学学报(信息科学版)，2010(1)：51—54.

[51] 艾波，艾廷华. 矢量曲线数据的"流媒体"传输[J]. 海洋测绘，2005a(3)：17—20.

[52] 艾波. 网络地图矢量数据流媒体传输的研究[D]. 武汉大学博士学位论文，2005.

[53] 艾廷华，成建国. 对空间数据多尺度表达有关问题的思考[J]. 武汉大学学报(信息科学版)，2005(5)：377—382.

[54] 艾廷华，郭仁忠. 曲线弯曲深度层次结构的二叉树表达[J]. 测绘学报，2001(4)：343—348.

[55] 艾廷华，李志林，刘耀林，等. 面向流媒体传输的空间数据变化累积模型[J]. 测绘学报，2009(6)：514—519.

[56] 艾廷华，刘耀林，黄亚锋. 河网汇水区域的层次化剖分与地图综合[J]. 测绘学报，2007(2)：231—236.

[57] 艾廷华. 网络地图渐进式传输中的粒度控制与顺序控制[J]. 中国图象图形学报，2009(6)：999—1006.

[58] 查辉，周敬利. 实时流化协议 RTSP 的研究和实现[J]. 计算机工程与应用，1999(3)：101—103.

[59] 陈必峰. 基于 AJAX 的富客户端技术及应用[J]. 计算机科学, 2011(S1): 419－420.

[60] 陈超, 王亮, 闫浩文, 等. 一种基于 NoSQL 的地图瓦片数据存储技术[J]. 测绘科学, 2013(1): 141－143.

[61] 陈杰, 邓敏, 陈晓勇, 等. 矢量地图空间信息度量及其变化分析方法[J]. 地理信息世界, 2010(1): 78－83.

[62] 陈谦, 佘江峰, 潘森, 等. 基于 RIA 方式的 WebGIS 构建[J]. 遥感信息, 2009(4): 89－94.

[63] 陈述彭, 陈秋晓, 周成虎. 网格地图与网格计算[J]. 测绘科学, 2002(4): 1－6.

[64] 陈小钢, 王英杰, 余卓渊. 基于地理空间语义网络的多媒体电子地图系统[J]. 地理学报, 2001(7S): 92－97.

[65] 陈新保, 刘庆元. 用 VML 实现地理空间数据可视化[J]. 海洋测绘, 2005(4): 50－52.

[66] 程昌秀, 陆锋. 一种矢量数据的双层次多尺度表达模型与检索技术[J]. 中国图象图形学报, 2009(6): 1012－1017.

[67] 程国雄, 胡世清. 基于 Silverlight 的 RIA 系统架构与设计模式研究[J]. 计算机工程与设计, 2010(8): 1706－1709.

[68] 程朋根, 龚健雅. GIS 中的地图符号设计系统的设计与实现[J]. 中国图象图形学报, 2000(12): 1006－1011.

[69] 戴晨光, 张永生, 邓雪清. 一种用于实时可视化的海量地形数据组织与管理方法[J]. 系统仿真学报, 2005(2): 406－409.

[70] 戴晨光. 空间数据融合与可视化的理论及算法[D]. 解放军信息工程大学博士学位论文, 2008.

[71] 邓红艳, 武芳, 翟仁健, 等. 一种用于空间数据多尺度表达的 R 树索引结构[J]. 计算机学报, 2009(1): 177－184.

[72] 杜维, 艾廷华, 徐峥. 一种组合优化的多边形化简方法[J]. 武汉大学学报(信息科学版), 2004(6): 548－550.

[73] 傅祖芸. 信息论: 基础理论与应用(第二版)[M]. 北京: 电子

工业出版社，2001.

[74] 高俊. 地理空间数据的可视化[J]. 测绘工程，2000(3)：1—7.

[75] 高俊. 数字化时代地图学的诠释[J]. 地图，2003(3)：5.

[76] 郭明武，彭清山，李黎. ArcGIS Server 中地图瓦片实时在线局部更新方法研究[J]. 测绘通报，2012(2)：35—38.

[77] 郭仁忠. 空间分析(第二版)[M]. 北京：高等教育出版社，2001.

[78] 韩振镖，王建国，胡珂，等. 网页中矢量地图显示的解决方案[J]. 测绘与空间地理信息，2007(2)：94—96.

[79] 何宗宜，祝国瑞，庞小平. 地图信息论在制图中的应用研究[J]. 地图，1998(2)：7—10.

[80] 洪智勇. 基于 Java Applet 技术的 WebGIS 客户端设计与实现[J]. 佛山科学技术学院学报(自然科学版)，2005(3)：40—43.

[81] 胡斌峰. 基于 Flex 的 WebGIS 客户端平台的设计与实现[D]. 浙江大学博士学位论文，2011.

[82] 胡绍永. 基于 LOD 技术的空间数据多尺度表达[D]. 武汉大学博士学位论文，2004.

[83] 黄娟. 基于 FlexRIA 的 Web 地图发布技术及其应用研究[J]. 西南交通大学博士学位论文，2010.

[84] 黄祥志，刘南，刘仁义，等. 适用于可编辑 WebGIS 的动态缓存策略[J]. 计算机工程，2011(5)：285—287.

[85] 黄雁，冯艳杰，孟庆祥. 嵌入式 GIS 中矢量数据的快速显示方法研究[J]. 城市勘测，2012(1)：20—23.

[86] 贾奋励. 电子地图多尺度表达的研究与实践[D]. 解放军信息工程大学博士学位论文，2010.

[87] 李爱勤，李德仁，龚健雅等. GIS 的空间数据多比例尺表达与处理概念框架[J]. 地球信息科学学报，2009(5)：645—651.

[88] 李爱勤. 无缝空间数据组织及其多比例尺表达与处理研究

[D]. 武汉大学博士学位论文, 2001.

[89] 李爱霞, 龚健雅, 贾文珏, 等. 基于 WMS 的 WebGIS[J]. 测绘信息与工程, 2005(6): 1-3.

[90] 李浩松, 朱欣焰, 李京伟, 等. WebGIS 空间数据分布式缓存技术研究[J]. 武汉大学学报(信息科学版), 2006(12): 1092-1095.

[91] 李军, 费川云. 地球空间数据集成研究概况[J]. 地理科学进展, 2000(3): 203-211.

[92] 李霖, 吴凡. 空间数据多尺度表达模型及其可视化[M]. 北京: 科学出版社, 2005.

[93] 梁春雨, 李新通. 使用 HTML5 Canvas 构建基于 GeoJSON 的轻量级 WebGIS[J]. 计算机科学与应用, 2012(2): 189.

[94] 凌云, 陈毓芬, 王英杰. 自适应地图可视化系统设计研究[J]. 测绘学院学报, 2005(1): 69-71.

[95] 刘慧敏, 何占军, 邓敏, 等. 面状要素渐进式传输中几何信息传递状况的定量分析方法[J]. 测绘科学技术学报, 2013(2): 191-196.

[96] 刘丽. 基于 SVG 的 WebGIS 空间数据可视化研究[D]. 河北工程大学博士学位论文, 2009.

[97] 刘鹏程, 艾廷华, 杨敏. 基于傅里叶级数的等高线网络渐进式传输模型[J]. 测绘学报, 2012(2): 284-290.

[98] 刘旭军, 关佶红. WebGIS 应用中 GML 文档到 SVG 的转换[J]. 计算机应用, 2004(2): 157-160.

[99] 刘轩明, 林连雷, 姜守达. 一种数字地图图片加载方法[J]. 自动化技术与应用, 2009(10): 34-37.

[100] 罗建川, 刘守印, 胡君红, 等. 实时传输协议 RTP 的研究及其应用[J]. 计算机工程与应用, 2001(4): 64-69.

[101] 罗英伟, 汪小林. 基于 GML 的 WebGIS 应用研究[J]. 计算机工程, 2002(7): 15-16.

[102] 马伯宁,冷志光,汤晓安,等. 无缝栅格数据小波金字塔构建[J]. 中国图象图形学报,2012(2):197－202.

[103] 潘嫒嫒. 基于 GML 的空间数据共享应用研究[D]. 武汉理工大学博士学位论文,2006.

[104] 祁羽,陈荦,张瑞雪,等. 基于双缓存机制的分布式 WebGIS 数据集成访问策略[J]. 计算机工程与科学,2007(5):41－44.

[105] 任应超,李文雯,杨崇俊. 一种用于渐进传输的多分辨率曲线模型[J]. 计算机工程,2008(8):25－28.

[106] 施松新,张引,叶修梓,等. 大规模地形场景流式渐进传输[J]. 浙江大学学报(工学版),2009(11):1862－1867.

[107] 孙雨,李国庆,黄震春. 基于 OGC WPS 标准的处理服务实现研究[J]. 计算机科学,2009(8):86－88.

[108] 田晶,艾廷华. 街道渐进式选取的信息传输模型[J]. 武汉大学学报(信息科学版),2010(4):415－418.

[109] 田鹏,郑扣根,张引,等. 基于 C-Tree 的无级比例尺 GIS 多边形综合技术[J]. 中国图象图形学报,2001(8):765－770.

[110] 汪荣峰,廖学军,唐立文. 通用矢量地图符号库中的图元设计[J]. 装备指挥技术学院学报,2008(2):87－91.

[111] 王刚. 顾及要素特征的层次增量分块矢量数据组织与高效网络传输研究[D]. 武汉大学博士学位论文,2011.

[112] 王红. 基础地理信息地形数据库信息量度量方法研究[D]. 辽宁工程技术大学博士学位论文,2010.

[113] 王华,毛迪林. 实时运输协议 RTP 和网络实时传输服务的研究[J]. 计算机应用与软件,2000(12):33－38.

[114] 王慧青,何军,王庆,等. 基于改进 R＊树的移动 GIS 多尺度渐进传输与表示[J]. 东南大学学报(自然科学版),2010(6):1207－1211.

[115] 王桥,吴纪桃. 一种新分维估值方法作为工具的自动制图综

合[J]. 测绘学报，1996(1)：10—16.

[116] 王桥，吴纪桃. 制图综合方根规律模型的分形扩展 [J]. 测绘学报，1996(2)：104—109.

[117] 王天宝，王尔琪，卢浩，等. 基于 Silverlight 的 WebGIS 客户端技术与应用试验[J]. 地球信息科学学报，2010(1)：69—75.

[118] 王晓. 基于 HTML5 的矢量地图发布关键技术研究[D]. 南京师范大学博士学位论文，2011.

[119] 王晓霞，张奇. 地形模型压缩与流式渐进传输[J]. 测绘与空间地理信息，2006(2)：93—95.

[120] 王新梅. 纠错码与差错控制[M]. 北京：人民邮电出版社，1989.

[121] 王玉海，崔铁军，吴天君. 基于提升型小波变换的矢量数据渐进式传输的研究[J]. 地理信息世界，2009(5)：35—38.

[122] 王玉海，朱长青. 基于小波分析的线状要素压缩优化的综合性研究[J]. 武汉大学学报(信息科学版)，2007(7)：630—632.

[123] 温永宁，闾国年，陈旻. 矢量空间数据渐进传输研究进展[J]. 地理与地理信息科学，2011(6)：6—12.

[124] 毋河海. 基于多叉树结构的曲线综合算法[J]. 武汉大学学报(信息科学版)，2004(6)：479—483.

[125] 吴凡. 基于小波分析的线状特征数据无级表达[J]. 武汉大学学报(信息科学版)，2004(6)：488—491.

[126] 肖婷. 基于 SVG 的 WebGIS 的研究与应用[D]. 南京理工大学博士学位论文，2007.

[127] 熊伟，武舫，范建永. GIS 中地图符号化研究与实践[J]. 测绘与空间地理信息，2006(5)：91—93.

[128] 熊永华，吴敏，贾维嘉. 实时流媒体传输技术研究综述[J]. 计算机应用研究，2009(10)：3615—3620.

［129］徐庆荣．计算机地图制图原理［M］．武汉：武汉测绘科技大学出版社，1993．

［130］徐卓揆．基于 HTML5、Ajax 和 WebService 的 WebGIS 研究［J］．测绘科学，2012(1)：145－147．

［131］许虎，聂云峰，舒坚．基于中间件的瓦片地图服务设计与实现［J］．地球信息科学学报，2010(4)：562－567．

［132］杨必胜，李必军．空间数据网络渐进传输的概念、关键技术与研究进展［J］．中国图象图形学报，2009(6)：1018－1023．

［133］杨必胜，李清泉．World Wide Web（WWW）上矢量地图数据的多分辨率传输算法［J］．测绘学报，2005(4)：355－360．

［134］杨军，石传奎，闫浩文，等．河网数据渐进式传输的自适应可视化研究［J］．测绘通报，2013(1)：45－48．

［135］杨军，石传奎，闫浩文，等．一种河网矢量数据的网络渐进式传输方法［J］．测绘科学，2012(3)：113－115．

［136］杨素悦．空间矢量信息渐进传输空间矢量信息渐进传输研究与实现［J］．计算机工程，2012(13)：266－269．

［137］游兰，彭庆喜．基于 Google Maps API 的地图解析研究与实现［J］．湖北大学学报（自然科学版），2010(2)：161－164．

［138］余志文，申辉军．基于 ActiveX 的 WebGIS 实现技术［J］．测绘通报，2003(2)：53－56．

［139］张爱国，邬群勇，王钦敏．GML 数据的 Web 可视化设计与实现［J］．测绘科学，2007(1)：140－141．

［140］张本昀，朱俊阁，王家耀．基于地图的地理空间认知过程研究［J］．河南大学学报（自然科学版），2007(5)：486－491．

［141］张澄铖，邱新法，何永健．基于 Flex 和 Google Map 的雷电数据可视化研究［J］．地理空间信息，2012(5)：67－69．

［142］张锦明，游雄．基于 LOD 的选取模型应用于电子地图多尺度显示的研究［J］．测绘科学技术学报，2009(6)：420－424．

［143］张犁，林晖，李斌．互联网时代的地理信息系统［J］．测绘学

报，1998(1)：9—15.

[144] 张明鑫，魏海平，王峰，等. 空间认知理论在地理信息系统中的应用研究[J]. 地域研究与开发，2007(1)：122—124.

[145] 张青年. 顾及密度差异的河系简化[J]. 测绘学报，2006(2)：191—196.

[146] 章汉武，吴华意，胡月明，等. 从地理空间数据质量到地理空间信息服务质量[J]. 武汉大学学报(信息科学版)，2010(9)：1104—1107.

[147] 赵东保，王敏，张成才，等. 对 Geodatabase 空间数据模型的再认识[J]. 计算机与数字工程，2007(4)：75—78.

[148] 赵俊兰，冯仲科. 数字地图在 Java Applet 下的控制和应用研究[J]. 测绘通报，2003 (2)：21—23.

[149] 周强，宋志峰，刘易鑫，等. 一种适用于多移动终端的地图瓦片格式的研究与应用[J]. 测绘与空间地理信息，2013(s1)：70—76.

[150] 周文生，毛峰. 地理标记语言 GML 及其可视化[J]. 测绘通报，2003(9)：23—26.

[151] 朱鲲鹏，武芳，王辉连，等. Li-Openshaw 算法的改进与评价[J]. 测绘学报，2008(4)：450—456.

[152] 朱长青，王玉海，李清泉，等. 基于小波分析的等高线数据压缩模型[J]. 中国图象图形学报，2004(7)：841—845.

后　记

2012 年 3 月,我第一次踏入中科院地理所孙九林院士的办公室,心情激动万分! 此后的两年半的时间,在先生的指导下我脚踏实地地度过了我的博士生涯,这一时期也是我快速成长和学术水平突飞猛进的一段时间。

在这近三年博士学习生涯中,先生严谨求实的治学风格、诲人不倦的师表风范、精益求精的学术态度、和蔼可亲的音容笑貌无不深深感染、触动着我。从计算机过渡到地学专业,自己是"半路出家"。在和先生学习的过程中,他以自己多年的工作经验,以及科学家敏锐的眼光和惟真求实的科学态度帮助我解决遇到的问题。先生尽管工作繁忙,却从来不放松对学生学习、工作的指导与督促。我经常与先生交流学术思想,探讨学问,促膝谈艺,获益良多。他提出的许多问题和观点使我认识了自己不熟悉的领域中一个科学家的思想方法和科学态度,这使我再次相信,科学的不同学科之间在更高的层面上是相通的。

关于我的博士论文选题,先生给予了很多中肯的建议和意见。他根据我的工作背景和所学知识,让我将计算机和地学专业相结合,找到其中的切入点。适逢中心的宋佳师兄正在做的国家自然科学基金与我的兴趣点比较吻合,经过跟先生的探讨,我便加入了这个项目,并作为我的博士论文的选题。

在生活上,先生也给我提供了无微不至的关怀,"鸦有反哺之义,羊知跪乳之恩",学生当永远感激恩师的教诲,并以先生为榜样,在自己今后的工作和教学岗位上兢兢业业、不断前行。

上过大学的人都有着切身的体会,数度寒窗,岁月如梭,一个人在大学学习的知识是有限的,更多的知识需要在今后的工作中去学习和掌握。

授人以鱼，还是授人以渔？这个道理大家都明白，但是真正做起来是困难的。高水平的大学之所以教学水平高，就在于有一批通过学术研究掌握了如何授人以渔要领的教授。我的母校河南大学环境与规划学院的孔云峰教授就是其中之一。孔教授对我的论文的选题、中期进展及后来的多次修改和成稿都给予了指导和帮助，对我进一步明确论文总体目标起到了画龙点睛的作用。

本论文的顺利完成离不开各位老师、同学和朋友的关心与帮忙。再次感谢我的指导老师——孙九林院士，感谢在地理所地球系统科学信息共享中心的求学期间给予我许多有益教诲的老师们，感谢河南大学环境与规划学院的领导和老师为我提供了一个优越的学习环境，感谢我的工作单位河南大学计算机与信息工程学院的各位领导与同事对我学习、工作的关心与支持！

十年树木，百年树人。我常想，人才的培养与树木的生长规律是相似的。幼苗时期不打下良好的基础，不经历风霜雨雪的磨砺，是树，不可能成材；是人，也不可能成才。"不经一番寒彻骨，怎得梅花扑鼻香。"做科研更应该沉下心、坐得住，厚积才能薄发，大器也能晚成。谨以此书献给同样致力于科学研究的同人，但愿它能起到一颗铺路石的作用！

由于时间和水平有限，本书不足乃至谬误之处在所难免，敬请专家和各界同人提出宝贵意见。

作　者
2017 年 10 月 17 日